Sven Sommer
Der kleine Baumarkt-Physiker

PIPER

Zu diesem Buch

Sven Sommer lässt es bei seinen Experimenten krachen, zischen und rauchen. Dabei erklärt der promovierte Physiker und Physikdidaktiker physikalisches Grundwissen für jung und alt und beschreibt seine Experimente zum Nachbauen verständlich und unterhaltsam. Sie brauchen nur einen Baumarkt in Ihrer Nähe – und geduldige Nachbarn …

Sven Sommer ist promovierter Physikdidaktiker und Lehrer für Physik und Chemie in Barsbüttel bei Hamburg. Seine zündenden Ideen rund um Knallgas, Orangenfeuerwerk oder Cola-Dosen-Boote verarbeitet er außerdem für das interaktive Science Center »Phänomenta« und auf netscience.de.

Sven Sommer

DER KLEINE BAUMARKT PHYSIKER

Experimente für alle, die es zu Hause richtig krachen lassen wollen

PIPER

Mehr über unsere Autoren und Bücher:
www.piper.de

MIX
Papier aus verantwortungsvollen Quellen
FSC® C083411
FSC
www.fsc.org

Originalausgabe
ISBN 978-3-492-31423-7
Januar 2019

Umschlaggestaltung: zero-media.net, München
Umschlagabbildung: FinePic®, München
Satz: Tobias Wantzen, Bremen
Gesetzt aus der Stone Serif
Druck und Bindung: CPI books GmbH, Leck
Printed in the EU

Inhalt

Vorwort

»Ein Wunder solcher Art erlebte ich als Kind von vier oder fünf Jahren, als mir mein Vater einen Kompass zeigte. Dass diese Nadel in so bestimmter Weise sich benahm, passt so gar nicht in die Art des Geschehens hinein, die in der unbewussten Begriffswelt Platz finden konnte. (…) Ich erinnere mich noch jetzt – oder glaube mich zu erinnern –, dass dies Erlebnis tiefen und bleibenden Eindruck auf mich gemacht hat. Da musste etwas hinter den Dingen sein, das tief verborgen war.«

Albert Einstein

Chemie ist, wenn es knallt und stinkt, Physik, wenn etwas nicht gelingt. Wie viele Generationen von Schülerinnen und Schülern mussten dies in Lehrsälen und Physikräumen oder Chemielaboren erleben? Vielleicht hat der ein oder andere Leser eine sehr gute Erinnerung an die Naturwissenschaften. Warum sollte man sich auch sonst ein Buch wie dieses hier kaufen? Für viele Schülerinnen und Schüler aber bleiben die Naturwissenschaften, vor allem die Chemie und die Physik, ein schwarzes Loch mit Ereignishorizont oder ein naphtholrotes Tuch. Die PISA-Studien haben dies zutage gefördert. Ein wesentlicher Teil gerade der hochkompetenten Jugendlichen hat kein Interesse am Fach Physik. Wozu dann Physikunterricht, wozu Formeln und Diagramme, wenn es viele gar nicht interessiert? Auf der anderen Seite gibt es zwar weiterhin viele Ingenieure und Wissenschaftler an den Universitäten, und im Fernsehen naturwissenschaftliche Gameshows und Reportagen, die durchaus Zuschauer finden. Was also macht die beiden Schulfächer spannend, und was schreckt ab?

Ob Sie es glauben oder nicht: Ich selbst gehörte in meiner Schulzeit nicht zu den großen Fans von Chemie- und Physikunterricht. In der 10. Klasse gab ich das Fach Physik mit einer 5 als Endnote ab. In Chemie rettete ich mich mit einer mündlichen Prüfung in die Oberstufe. Am Ende von Jahrgang 11 war ich dann mit meiner Chemie am Ende und gab das Fach mit viel Zureden an die Lehrerin und einer 4 ab, die sicher auch auf meine Redefertigkeiten zurückzuführen war und weniger auf meine Leistungen im Fach Chemie. Doch so richtig Schluss war noch gar nicht, es folgte nur eine Pause, bis ich mich wieder mit beiden Disziplinen beschäftigte – an der Uni. Mein Studium in Chemie und Physik schloss ich mit einer 1,1 ab und legte eine Promotion in Physikdidaktik nach. Und das (vorläufige) Ende vom Lied halten Sie nun in Ihren Händen. Was war da passiert?

Nun, es kommt darauf an, die richtigen Fragen zu stellen – und auch, die Fragen richtig zu stellen. Denn eigentlich sind Chemie und Physik doch unglaublich spannend, oder? Interessiert Sie etwa nicht, wo wir herkommen, wo wir hingehen und wie die Dinge dazwischen funktionieren? Ab und an habe ich darüber auch in meinem Schulunterricht etwas erfahren. Die meiste Zeit ging es aber um Arbeitsblätter, Fachsprache,

Rechenwege und das richtige Anfertigen eines Protokolls. Eigene Ideen mussten mit denen der Wissenschaft übereinstimmen, und ich hatte im Gegensatz zu Galilei, Einstein und Co. meist nur 45 Minuten, um auf die richtige Erkenntnis zu kommen.

Privat lief es besser. MacGyver, der Geheimagent, der aus einem Schnorchel und einer Melone einen Zeitzünder für eine Bombe bauen konnte, und das Jugendheft Yps mit seinen Gimmicks versorgten meine Neugier für die Naturwissenschaften. Im Studium wählte ich aus taktischen Gründen das Fach Chemie – Biologie war schon voll – und lernte meinen späteren Doktorvater kennen. Wie ich später erfuhr, hatte auch er gerne Yps gelesen, vor allem aber hatte er Science Center in Deutschland gegründet, in denen Physik und Chemie anhand von Mitmach- und Erlebnis-Experimenten erklärt wird: die Phänomentas.

Ich bin natürlich nicht der Erste, der durch die direkte Erfahrung von Phänomenen der Natur zum Denken und Handeln angeregt wurde. Der berühmte englische Naturforscher Michael Faraday ist wahrscheinlich eines der bekanntesten Beispiele dafür. Mit der Einsicht, wie die Dinge funktionieren, kam (endlich) auch das Verständnis der abstrakten Formeln und Begriffe, die in der Schule keinen Wert für mich hatten. Oft zitiert wird dabei die bildhafte Vorstellung des »Begreifens«. Zeit und Raum für Ausprobieren, Anschauen, Beobachten, Verknüpfen, Selbstbenennen, Mitdenken, Darüber-Reden, Liegenlassen, Darauf-Zurückkommen und so weiter hatte ich erst im Studium, und die Pädagogik dahinter hat mich überzeugt. Am Ende dessen steht nun also dieses Buch, das Ihnen als naturwissenschaftlich interessierte Leserin oder, noch besser, als unbedarfter, ahnungsloser Leser eine Chance bietet, selbst einzusehen, wie die Dinge funktionieren, vielleicht auch selbst zu erleben, dass die Dinge dahinter kein Mysterium sind. Auch der Experte wird sich an den alltäglichen Phänomenen erfreuen, die ihm vielleicht noch nicht genau bekannt gewesen sind.

Wer einfach statt kompliziert erklärt, muss sich schnell als populärwissenschaftlich und ungenau rechtfertigen. Ein Physikdidaktik-Professor mahnte mir das unter epistemologischen Gesichtspunkten sogar einmal an. Ohne Yps-Hefte, MacGyver, die Knoff-Hoff-Show und andere populäre Vertreter wäre ich heute aber sicher kein begeisterter Naturwissenschaftler und Wissensvermittler. Sie schafften, was der Unterricht nicht vermochte: mich für diese unglaublich spannende Welt da draußen zu begeistern!

Ich halte heute also ganz bewusst gegen solche Zweifler des vordringlich Einfachen und des Erstaunenden den Reformpädagogen Martin Wagenschein entgegen, dessen Credo in einem Satz lautete: »Verstehen ist ein Menschenrecht.« Und verstehende Menschen waren ihm allemal wichtiger als wissende. Verstehen beginnt damit, dass man die Chance bekommt, die Dinge selbst einzusehen, selbst die Freiheit zum Entdecken hat, sich selbst dabei erlebt, etwas zu entdecken und bestenfalls mit anderen zusammen zu neuen Erkenntnissen kommt. Mit diesen drei Zutaten: Autonomie, Kompetenzerleben und sozialer Eingebundenheit ist dann zugleich alles erfüllt, was aus Sicht von Psychologen Motivation und Interesse entwickeln lässt. Nicht ohne Grund steht das Wort Interesse im Lateinischen für das »Dazwischen-Sein« oder »Dabei-Sein«.

Auch viele Naturwissenschaftler waren »dabei« und erfüllten mit ihrer Arbeit nicht nur wissenschaftliche Kriterien, sondern »basic needs« der Interessenförderung. Sie verschrieben sich der Populärwissenschaft. So zum Beispiel der Schwede Anders Celsius, der ja unter anderem unsere heutige Temperaturskala erfand, oder der bereits erwähnte englische Naturforscher Michael Faraday, der zu seiner Zeit nicht nur für den heute nach ihm benannten Faraday'schen Käfig bekannt war und der gleich einen wichtigen Beitrag im ersten Kapitel des Buches spielen wird. Faraday war ein besonders starker Verfechter, wenn es darum ging, die Naturwissenschaften unters Volk zu bringen. Er selbst hatte über Nebenstrecken seine Wissenschaftskarriere eingeschlagen und auf seinem Weg oft mit Ablehnung zu kämpfen. Er hielt regelmäßig Vorlesungen, bei denen er zum Beispiel die Naturwissenschaft der Kerze für das offene Publikum enträtselte.

Faraday bat, bei seinen Vorlesungen stets »bei aller Bedeutung unseres Gegenstandes und allem Ernst der wissenschaftlichen Behandlung desselben doch von den Älteren unter uns absehen zu dürfen und das Vorrecht zu beanspruchen, als junger Mann zu jungen Leuten zu sprechen«. Er kam an, indem er die Leute sprachlich da abholte, wo sie standen, und ging mit ihnen dennoch anspruchsvolle Wege durch die wissenschaftliche Fachsprache. Machen wir doch auch mal eine kurze Exkursion in die Vermittlung von Fachsprache in den Naturwissenschaften. Sprache ist nämlich nicht gleich Sprache und Sprache lernen nicht gleich

Sprache erwerben. Schon Mark Twain schimpfte über die deutsche Sprache. Er hatte nicht die Möglichkeit, sie als Kind zu erwerben, sondern lernte sie als Erwachsener. Mit Fachsprache ist es ähnlich. Kommunikation mit der Alltagssprache verzeiht Ungenauigkeiten, in der Wissenschaft aber fallen Sprachfehler auf und entstellen den Sinn, weil die Sprache so genau definiert und wenig fehlertolerant ist. Die Fachsprache wie eine neue Fremdsprache zu erlernen ist erst einmal anstrengend und mühsam. Der Weg dahin kann so wie eine Treppe zu hohe Stufen enthalten: dann ist fachlich zwar alles korrekt, aber auch Meilen von der Alltagssprache entfernt. Er kann aber auch einer flachen Treppe entsprechen, deren Stufen leicht zu nehmen sind, die dafür aber nie das Niveau der anderen Treppe erreicht. Sie ahnen es wahrscheinlich schon: Der Mittelweg ergibt Sinn! Ich entscheide mich daher wie Michael Faraday für eine sehr alltägliche Sprache mit Versatzstücken aus dem Fach, eine Sprache des Verstehens anstatt des Verstandenen.

Vor der Fachsprache steht bei allem Respekt vor den wissenschaftlichen Erkenntnissen also nicht nur in diesem Buch die vereinfachende Alltagssprache, der alltägliche Vergleich steht vor dem fachlich exakter definierten Hintergrund, und vor der Formel steht der Versuch. Auch wenn es zum guten Ton in der Wissenschaft gehört, sich möglichst fachlich auszudrücken, darf dies erst am Ende des langen Studiums erwartet werden. Selbst Wissenschaftlern gelingt es nicht, neue Dinge innerhalb kurzer Zeit fachlich korrekt zu beschreiben.

Ein Beispiel: Wir werden im Buch den wahrscheinlich ältesten Freihandversuch der Welt behandeln. Dazu müssen wir nur ein Teelicht in einer Wasserschale entzünden und ein Glas darüber halten. Das Teelicht wird verlöschen und das Wasser aufsteigen. Die Lösung dahinter ist trivial, oder? So trivial, dass der Versuch in der Primarstufe oft Verwendung findet. Am Ende einer einzigen Unterrichtsstunde soll dann das Ergebnis stehen.

Der griechische Naturforscher Philon von Byzanz schrieb in seiner »Pneumatica« etwa im 3. Jahrhundert v. Chr. über das Phänomen. Heron von Alexandria, Galileo Galilei oder der Chemiker Antoine Laurent de Lavoisier griffen die Beobachtung des steigenden Wassers im Gefäß wieder auf. Erst im Jahre 2011 gelang es einem Forscherteam aus Chile, die Hintergründe des Experiments endgültig zu klären. Im Luft-Kapitel werden wir die Hintergründe genauer betrachten. Die Erkenntnis hinter diesem einfachen Aufbau beschäftigte also Forscher und Wissenschaftler über mehrere Tausend Jahre, und von Schülerinnen und Schülern wurde über Jahre hinweg verlangt, dieselbe Erkenntnis in einer Dreiviertelstunde zu erlangen. Ohne die richtigen Hilfestellungen ist das schwer möglich, wenn nicht von vornherein eine vollkommen überzogene Vorstellung. Trotzdem lässt sich das Phänomen mit einfachen Mitteln und etwas Hilfe entschlüsseln. Diese Steighilfen versuche ich im Buch mitzugeben, um die Treppe nicht zu steil werden zu lassen, eine kalkulierte sprachliche Herausforderung zu bieten und bei alledem nicht nur das Fachliche zu erklären, sondern auch dem Mysteriösen, Erstaunlichen Raum zu lassen. Kurzum: Die Begeisterung der Phänomene soll durch sie selbst in Erscheinung treten und bei Ihnen, liebe Leserin und lieber Leser, Interesse wecken, was mir genau so wichtig ist wie die Hoffnung, dass Sie etwas aus diesem Buch lernen.

Der Bildungsforscher Schiefele hat das mal wie folgt ausgedrückt: »Wer kein Interesse hat, ist nicht gebildet!« Damit es zum Selbst-Verstehen und Gefesselt-Sein kommt und nicht nur bei Worthülsen wie »irgendwas mit gekoppelten Schwingungen« oder Zusammenspiel von »Entropie und Potenzial« bleibt, muss Ihre Alltagssprache unter Anleitung zur Bildungssprache werden, am wirksamsten in praktischem Gebrauch und unter Kopplung beider Sprachen mit Ihren Freunden, Ehepartnern, Kindern, Schülern oder Studenten. Da ist also aktive Mitarbeit gefragt. Machen Sie mit, am besten zu zweit, zu dritt, und schlagen Sie Ihr Labor im Strandkorb, in der Küche, in der Kneipe, im Schwimmbad oder auf dem Dachboden auf. Da oben unterm Dach steht übrigens mein eigenes Labor.

Wer sich im Lesefluss nicht stören lassen möchte, organisiert sämtliche Materialien für die Experimente eines Kapitels einfach vorab und experimentiert dann am Stück durch. Die Materialien dazu finden Sie in jedem Baumarkt, Supermarkt und Einkaufscenter. Die einfachen Versuche, Freihandversuche genannt, sind pädagogisch eigentlich ein alter Hut. Aber: »Hoher Sinn liegt oft in kind'schem Spiel«, wusste schon Schiller zu sagen, und um 1905 schrieb Herrmann Hahn in seinem großen Standardwerk »Physikalische Freihandversuche« über diese kleinen Freihandaufbauten für Alltagsforscher: »Ein Hauptzweck dieser Sammlung von Freihandversuchen ist, den Lehrer auch an der kleinsten Dorfschule in den Stand zu setzen, den

Unterricht in der Naturlehre auf Versuche zu gründen. Diese sind unter Beseitigung der spielerischen Schale und Heraushebung des naturkundlichen Kerns so anzuwenden, dass sie die Schüler zum Nachdenken und zur Selbstständigkeit anregen und ihnen Kenntnis und Verständnis der gewöhnlichsten Naturerscheinungen vermitteln. [...] Wer einige von ihnen gemacht hat, merkt bald, dass er nach ähnlichen Verfahren noch viele andere Versuche ausführen kann. Er gewöhnt sich beim Experimentieren ein frisches Zugreifen und eine allseitige Ausnutzung der Gegenstände an, die ihm gerade zur Hand sind.«

Mehr als hundert Jahre danach verschreibt sich dieses Buch denselben Werten und Zielen und gibt alten wie neuen Freihandversuchen von klassischer Fachliteratur über Yps, MacGyver, Knoff-Hoff-Show bis zu modernen YouTube-Experimenten die Ehre.

Das reine Lesen des Buches im Strandkorb oder auf dem Sofa ist erlaubt. Ich empfehle aber unbedingt, immer wieder Pausen einzulegen und selbst auszuprobieren, was die Theorie erhellt. Mit den Versuchsanleitungen können die beschriebenen Phänomene schnell in Erscheinung treten. Zum Mitdenken sind Beobachtungsaufgaben für jeden Versuch vorhanden. Profis stellen ihre eigenen Fragen an die Natur. Für sie sind Seitenblicke im Buch vorhanden und viele weitere Versionen und Versuche angerissen. Wie die persönliche Zugfahrt durch die Naturwissenschaften letztlich aussieht, liegt in der Hand jedes Lesers. Wer mag, steigt zwischendurch aus und erkundet das Terrain auf eigenen Wegen weiter, bevor er die Reise fortsetzt. Alle Versuche sind vielfach getestet, dennoch sei hier gesagt, dass bei allem Experimentieren und Versuchen immer Demut und Vorsicht das Handeln bestimmen sollten!

Wo fangen wir die Reise nun an? Was sollte man über Physik und Chemie wissen? Klar zu trennen, wo die Chemie endet und die Physik beginnt, ist nicht immer einfach. Die alten Griechen kannten diese Unterschiede noch gar nicht und nannten gleich alles Philosophie. Das Buch sortiert die Naturwissenschaften daher nach den antiken Elementen. In dieser Tradition bewegt sich dieses Buch durch Feuer, Wasser und Luft. Statt auf die Erde schauen wir am Ende des Buches sinnbildlich ins Licht der Erkenntnis und lernen dabei, wie wir mit diesem Wissen Autoscheiben enteisen, Drinks mixen oder den Grill anzünden. Ob Sie nun eine Rundreise machen oder im Zickzack fahren: Viel Spaß dabei!

Kapitel 1

Feuer und Flamme für den Grill

Elementares aus dem Feuer und der Chemie

Ob Winter oder Sommer, immer wieder zieht es uns ans Feuer. Wenn die Tage länger werden, werden auch in der modernen Welt nicht nur die LED-Lampen angeknipst oder die Lagerfeuer-App am HD-Fernseher gestartet, sondern auch die traditionelle Kerze oder gleich ein paar Holzscheite im Kamin angezündet. Im Sommer wird trotz Induktionsherd und Mikrowelle die Kohle ausgepackt und der Grill angeheizt. Die Feuerstätte ist seit jeher der zentrale Ort im Privatleben von Höhlenmenschen, Nomaden, römischen Civis, Rittervolk bis zum *Homo graticula assare*, dem modernen Menschen am Grill!

Ein paar überzeugende Zahlen dazu: 72,7 Prozent der Deutschen geben in einer aktuellen Umfrage an, dass der Sommer ohne Grillen für sie kein richtiger Sommer ist. Erstaunlicherweise liegen die Damen sogar leicht vor den Herren, wenn es um die Frage geht, wie oft gegrillt wird. 30,7 Prozent von ihnen würden sogar jeden Tag im Sommer am Grill verbringen. So geben auch nur 8,5 Prozent der Befragten an, dass sie Grillen zu aufwendig finden, wobei Männer das Grillen mit 11,6 zu 5,6 Prozent etwas aufwendiger wahrnehmen als die Damen. Liegt das an klassischen Rollenverteilungen oder der besseren Technik der Damen am Grill? Schließlich verfügt die Republik nach Angaben der Bevölkerung nur über 5,7 Prozent Profigriller. Wie dem auch sei: Die Liebe zum Grillen hängt direkt mit der Liebe zum Feuer zusammen, denn ist der Ofen aus, bleibt die Küche kalt.

Über Generationen hinweg haben sich ausgeprägte Kulturtechniken entwickelt, um den Grill anzuheizen und am Laufen zu halten. Da gibt es den Puristen, der die Grillkohle nur mit Zeitungspapier zündet und mit Bierträgerpappe und gleichförmigen Wedelbewegungen das Feuer in Gang bringt. Der Fortschritt elektronischer Haushaltsgeräte bringt dann den Grilltechniker hervor, der mit Heißluftföhn oder Gasbrenner den Anteil menschlicher Arbeitskraft wegrationalisiert. Auf die Extremform der Elektronikgrillnutzer gehen wir an dieser Stelle nicht weiter ein, es soll in diesem Kapitel ja um das Feuer gehen. Ob es sich beim Elektrogrill überhaupt noch um Grillen handelt, ist außerdem gesellschaftlich durchaus umstritten. Auch Gasgrill oder Subformen wie den Dutch Oven, den BBQ-Smoker, den Tatarenhut oder den Solarkocher lassen wir erst einmal beiseite und bleiben beim klassischen Kohlegrill.

Ebenso nicht unumstritten ist der Pyro-Griller, der mithilfe von Alkohol, flüssigen Kohlenwasserstoffen oder sogar Benzin die Kohlen zündet. Dass es hier immer wieder zu sehr gefährlichen Verpuffungen und Verletzungen kommt, hat sich so weit herumgesprochen, dass heute viele kreative Ideen existieren, die gefahrloses Grillen ermöglichen. Letztlich bedarf es bei alledem nur etwas Wissen über das Phänomen des Feuers und ein bisschen Experimentierfreude. Dann ergeben sich Ideen wie der peruanische Grillkohlevulkan oder Taco-Chips als Grillanzünder quasi von selbst. Doch dazu später mehr. Befassen wir uns zunächst einmal genauer mit dem Feuer selbst, bevor wir das Wissen in der Praxis, also am Grill, anwenden.

Feuer ist eine der ältesten und nützlichsten Erfindungen der Menschheit. Genau genommen hat der Mensch das Feuer natürlich nicht erfunden, es war schon lange vor ihm da. In der griechischen Sage stiehlt Prometheus das Feuer von Helios' Sonnenwagen, nachdem die Götter ihm die Nutzung des Feuers versagten. Die Menschen mussten nun nicht mehr frieren, und Prometheus wurde zur Strafe an einen Felsen gekettet, wo ihm täglich die Leber von einem Adler zerhackt wurde. Keine schöne Strafe. Der Mythos zeigt aber, wie zivilisationsfreundlich und zugleich frevlerisch die Tat des Prometheus dargestellt wurde.

In der Tat: Das Feuer hat zivilisatorisch zwei Seiten. Die bisher ältesten Überreste einer Feuerstelle haben Forscher in der Wonderwerk-Höhle in Südafrika entdeckt. Die verbrannten Knochen und Pflanzenteile sind rund eine Million Jahre alt. Der junge Homo erectus zündelte nicht mit Holz, sondern mit Gras, Zweigen und Blättern als Brennstoff.

Feuer ermöglichte dem jungen Urzeitmenschen wohl schon vor etwa 1,5 Millionen Jahren einen gewaltigen Sprung nach vorne. Feuer erhellt das Dunkel, Feuer hält warm, Feuer vertreibt Feinde, ermöglicht Abfallverwertung, vertreibt Ungeziefer, härtet Holz und Lehm und macht Speisen haltbar und genießbar. Das erinnert schon stark an die Qualitäten von Smartphones heute, nicht wahr? Vor allem der letztgenannte Punkt war für die Entwicklung der Menschheit wesentlich. Mit dicken Reihen von mahlenden Backenzähnen ist das Kauen und Verwerten von Fleisch nicht einfach. Vegan war also durchaus schon bei den ersten Menschenaffen sehr angesagt, wenn auch eher zwangsweise. Mit den richtigen Garmethoden auf dem Grill der Urzeit konnte das zähe Fleisch verwertbar gemacht werden. Der Energieschub durch die enzymatische Aufspaltung ließ den Homo habilis nicht nur physisch stärker werden, es wurde auch mehr über Kulturtechniken nachgedacht. Kochen und Jagen als soziale Strukturgeber führten in der Folge zu besseren Waffen, bereicherten die gemeinsame Sprache und brachten Gemeinschaftsverbände hervor. Im Prinzip läuft es heute noch nicht anders, sowohl am Grill wie auch in der Politik.

Feuer ist also nicht nur zum Kochen und Heizen sinnvoll, es ist auch in Kultur und Biologie fest verankert. Der heimische schwarze Kiefernprachtkäfer kann das Feuer sehr gut leiden. Seine Larven ernähren sich besonders gerne von frisch verbranntem Holz. Mit einem mechanischen Infrarotsensor spürt der Käfer Brände auf, indem er die Druckveränderungen wahrnimmt. Ein kleiner Behälter in seinem Infrarotorgan, ähnlich dem Grubenorgan von Klapperschlangen, enthält einige Hundertmilliardstel Milliliter Wasser, das sich bei plötzlicher Erwärmung schlagartig ausdehnt. Diese Druckänderung alarmiert den Käfer, sich fürs Mittagessen bereitzuhalten. Nicht nur in der Biologie, auch in unserer Kultur ist das Feuer durchaus positiv belegt. Das höchste Lagerfeuer der Welt loderte 2016 bei der Mittsommerfeier im norwegischen Ålesund in den Himmel: Allein der Holzstapel war gigantische 47,4 Meter hoch, und dennoch war das Feuer kontrolliert und lockte Tausende von Schaulustigen zur Feier an.

Anders sieht es aus, wenn das Feuer unkontrolliert

lodert. Der Weltenbrand in der nordischen Ragnarök oder das Fegefeuer der christlichen Hölle sind Vorstellungen, die schreckliche Erfahrungen mit Feuersbrünsten aufgreifen. Kaiser Nero brannte Rom angeblich aus bauplanerischen Gründen ab, Städte wie London oder Hamburg brannten aufgrund ihrer schmalen Gassen und Holzbauten ab, andere durch Kriege, Naturkatastrophen, Unfälle. Zu den größten dokumentierten Bränden zählen die Buschfeuer in Australien. Am 7. Februar 2009 traten im australischen Bundesstaat Victoria mehrere Großfeuer auf, die rund 430 000 Hektar Land verbrannten. Das ist in etwa die Größe des Schwarzwalds.

Am 1. September 1923 wurde die japanische Kantō-Ebene von einem Erdbeben der Stufe 7,9 zerstört. Teile der Städte Yokohama und Tokio litten aber darüber hinaus unter dem sich daraus entwickelnden Feuersturm. Die dicht beieinanderstehenden Holzhäuser der Bewohner gingen zu Tausenden in Flammen auf, und viele der 142 800 Todesopfer sind auf die Feuer nach dem Beben zurückzuführen. Es muss nicht gleich ein gewaltiges Erdbeben sein, ein unachtsamer Moment, ein Funke reicht oft schon aus, die Dinge außer Kontrolle zu bringen.

Der sprichwörtliche Funke und noch einige andere feurige Begriffe haben bis heute einen festen Platz in der Begriffswelt unserer Sprache gefunden. Feuer wird zumeist mit positiven Dingen assoziiert, soweit wir die Kontrolle darüber haben. Unkontrolliert steht es für große Gefahr und große Macht, für Zorn und Wut. Vor allem aber die Liebe und das Feuer scheinen sehr ähnlich: Uns wird »warm ums Herz«, wenn wir auf unsere

Flamme treffen, etwas plump ist manch einer »richtig heiß« auf seinen Schwarm, und ein anderer muss »die Kohlen aus dem Feuer holen«, wenn »der Funke nicht übergesprungen ist« und man sich nicht »füreinander erwärmen kann« (weil er sich die Finger an einer anderen verbrannt hat). Ist »das Feuer aus«, ist die Liebe erloschen, und man sucht sich einen anderen Reaktionspartner, um eine neue Verbindung einzugehen. Man strahlt und leuchtet ebenso, wie es Atome im Feuer tun.

Der Weg zu dieser Erkenntnis war lang. Im antiken Griechenland war das Feuer Teil der Vier-Elemente-Lehre, zu deren Entwicklung Thales von Milet, Anaximenes oder Platon beitrugen. Das Element Feuer wird von Platon als Tetraeder dargestellt, Aristoteles ordnet ihm die Eigenschaften warm und trocken zu, Paracelsus den Salamander als Elementarwesen. Seine Himmelsrichtung ist der Süden, sein Körpersaft die gelbe, cholerische Galle und sein Erzengel Michael. Leider helfen uns diese Betrachtungen des Elements Feuer am Grill bislang nicht weiter. Erst der Chemiker Robert Boyle machte aus dem Elementbegriff im 17. Jahrhundert das, was wir heute darunter verstehen.

Vorweg ein kurzer Abstecher in die Chemie, um Verständigungsproblemen vorzubeugen. Chemiker sind die Modellbauer unter den Wissenschaftlern. Sie verwenden nicht nur zahlreiche Modelle, sie befassen sich ausgiebig mit Bausteinen und was man aus diesen bauen kann. Die kleinsten Bausteine, mit denen der Chemiker umgeht, sind die Atome. »Atomos« ist das griechische Wort für »unteilbar«. Ein Papier ist immer wieder in der Mitte teilbar, bis wir zu einem Punkt kommen, wo wir auf etwas stoßen, das wir nicht weiter teilen können, das Atomos oder kurz Atom.

Teilchenphysiker können heute das Atom zwar weiter teilen, für den Chemiker reichen die Atome als »Legosteine« des Universums erst einmal aus. Aus ihnen bauen sich alle Dinge (der Chemiker sagt »Stoffe«) auf. Versammelt im Periodensystem der Elemente, finden wir alle 118 bislang bekannten Atome. All diese einzelnen Bausteine zu entdecken und richtig einzusortieren war eine gewaltige Leistung. Die ehrfurchtsvoll auch als »Farbpalette Gottes« bezeichnete Tafel zeigt uns anschaulich, dass die komplexe Welt da draußen, bestehend aus Milliarden von Stoffen und Verbindungen, auf einige wenige Grundbausteine zurückgeführt werden kann. Je nach Anordnung und Menge der einzelnen Bausteine wird daraus ein Stuhl, eine Pizza, ein Parkscheinautomat, ich und du und Müllers Kuh.

So weit, so gut. Mit zwei, drei Handvoll echten Bausteinen aus Kindertagen: Lego, Duplo oder Holzbauklötzen verdeutlichen wir uns schnell noch ein paar weitere elementare chemische Begriffe, bevor wir uns wieder ans Feuer begeben. Mit den kleinen Plastikbausteinen aus Dänemark funktioniert unsere Analogie am besten, weil die Bausteine so gut aufeinandergesteckt werden können und auf diese Weise feste, größere Gebilde möglich sind; ebenso wie es das Universum bei den Atomen macht. Schauen wir uns das mal an.

ATOME VERBINDEN SICH IM BAUSTEINMODELL

WIR BENÖTIGEN DAZU:

zehn grüne Bausteine,
zehn gelbe Bausteine,
zehn rote Bausteine,
weitere Bausteine.

DURCHFÜHRUNG:

1. Wir legen die Bausteine zu einem großen Bausteinhaufen zusammen und sortieren je fünf Steine von einer Farbe auf einzelne Haufen.
2. Aus den übrigen Steinen bauen wir verschiedene größere Gebilde.

BEOBACHTUNGSAUFGABE:

a) Wie viele mögliche Kombinationen ergeben sich, wenn wir 20 Bausteine miteinander kombinieren?

Das Spiel mit Bausteinen liefert viele Ansichten über die Chemie. Kommen die Atome in der Natur einzeln und sortenrein wie in einem Haufen einer Sorte von Bausteinen vor, sprechen wir von Elementen. Wir haben in unserem Versuch also ein rotes Element mit roten Atomen, ein gelbes Element mit gelben Atomen und ein grünes Element mit grünen Atomen entdeckt.

Mischen wir die Steine mit einer anderen Sorte, würde der Chemiker das Ergebnis Gemisch oder Mischung nennen. Wir können die Steine einfach wieder auseinandersortieren, um zurück zu den Elementen zu kommen. Der Chemiker hat es in der Regel schwerer, er muss verschiedene Verfahren und Eigenschaften der Atome nutzen, um sie wieder zu trennen.

Nun gibt es aber nicht nur einzelne Bausteine, sondern auch fest miteinander verbundene. Wir haben mehrere Verbindungen gebaut. Der Chemiker spricht bei solch größeren Gebilden mit mindestens zwei Steinen von einer Verbindung und von Molekülen. Da gibt es ganz einfache Verbindungen aus zwei Steinen der gleichen Sorte, wie zum Beispiel den Wasserstoff, der in der Natur meist im Zweierteam, als Wasserstoffmolekül vorkommt, oder der Sauerstoff, der ebenfalls meist im Doppelpack von zwei Atomen vorkommt.

Der Vergleich mit der realen makroskopischen Welt liegt auf der Hand. Auch hier wird ja oft den Damen nachgesagt, dass sie lieber mit der besten Freundin anstatt alleine unterwegs sind. Manchmal kommt der Sauerstoff auch im Dreierteam vor, ist dann aber weniger stabil. (Wir nennen diese drei Damen im Verbund übrigens Ozonmolekül.)

Viele Atome verbinden sich mit nur einem weiteren Atom. Es gibt aber umso mehr Atome, die sich mit mehreren Atomen verbinden, je nach Situation mal mit mehr oder weniger Partnern.

Die Partnersuche zwischen den Atomen nennt sich »chemische Reaktion«. Bei diesen Gelegenheiten trennen sich verbundene Atome, finden sich zu neuen Verbindungen oder ordnen sich anders an. So kann es sein, dass aus zwei Wasserstoffatomen und einem Sauerstoffatom ein Molekül namens Diwasserstoffmonoxid entstehen kann. Im Bausteinmodell setzen wir zwei rote Steine auf einen gelben Stein und haben damit Wasser hergestellt!

Da Chemiker grundsätzlich faul sind, fassen sie die Liebesgeschichten der Atome mit wenigen Buchstaben zusammen, und da Chemiker natürlich Latein beherrschen (zumindest die früheren), werden die »Protagonisten« mit ihren lateinischen Initialen abgekürzt. Bei der Wasser-Romanze liest sich die Lovestory dann folgendermaßen:

$$6\ H_2 + 3\ O_2 \longrightarrow 6\ H_2O$$

Wasserstoff und Sauerstoff reagieren zu Wasser.
(Hydrogenium) + (Oxygenium) ⟶ (Diwasserstoffmonoxid)

Warum und wieso ein so reger Partnertausch zwischen den Atomen besteht, werden wir später noch genauer erfahren. Da Formeln auch im weiteren Verlauf des Buches noch vorkommen, sei noch erwähnt, dass diese Formel nicht einfach nur kurz, sondern in erster Linie auch äußerst stichhaltig ist. Der Chemiker kann mit ihr wie in einem Rezept genau ablesen, wie viele Bausteine verwendet wurden. Es sind hier sechs Wasserstoffmoleküle, also insgesamt zwölf Wasserstoffatome (weil in jedem Molekül ja zwei Atome stecken), die sich mit drei Sauerstoffmolekülen, also sechs Sauerstoffatomen (hier ebenfalls zwei Atome pro Molekül), zu sechs Wassermolekülen verbinden. Was links vor dem Reaktionspfeil steht, muss auch rechts wiederauftauchen, nur eben neu kombiniert. Halbe Atome sind nicht möglich, und falls rechts mehr oder weniger Atome landen, als ursprünglich links standen, ist die Geschichte falsch erzählt und muss korrigiert werden.

Wem das in drei Zeilen zu kurz war, dem empfehle ich den Nachbau des Wassermoleküls mit Legosteinen nach dem oben genannten Zahlenverhältnis. Wer mit einzelnen Sauerstoffatomen statt Sauerstoffmolekülen arbeitet, kommt sogar auf ein kleineres Zahlenverhältnis, aber in natura geht der Sauerstoff eben meist nur zu zweit durchs Leben und beschert uns besagtes Zahlenspiel. Nun aber genug zum Wasser und zur Chemie. Mit den bislang gelernten Vokabeln schauen wir nun ein bisschen tiefer ins Feuer.

Disco, Partnerwahl und heiße Stimmung

Nichts eignet sich mehr, um mit dem Experimentieren zu beginnen, als das Feuer einer Kerzenflamme. Diese Ansicht vertrat schon Michael Faraday, der im 19. Jahrhundert nicht nur die elektromagnetische Induktion entdeckte, auf die der Faraday'sche Käfig zurückgeht. Faraday gilt bis heute als einer der bedeutendsten Experimentalphysiker. In regelmäßigen Weihnachtsvorlesungen verzauberte er seine Zuhörer mit der Magie der Naturphänomene.

Über seine erste weihnachtliche Experimentalvorlesung zu Phänomenen des Feuers und der Kerze schreibt er 1861 in seinem Buch »Die Naturgeschichte der Kerze«: »Die [...]Kerze wählte ich schon bei einer früheren Gelegenheit zum Thema meines Vortrags, und stände die Wahl nur in meinem Belieben, so möchte ich dieses Thema wohl jedes Jahr zum Ausgang meiner Vorlesung nehmen, so viel Interessantes, so mannigfache Wege zur Naturbetrachtung im Allgemeinen bietet dasselbe dar. Alle im Weltall wirkenden Gesetze treten darin zutage oder kommen dabei wenigstens in Betracht, und schwerlich möchte sich ein bequemeres Tor zum Eingang in das Studium der Natur finden lassen.«

Nutzen wir dieses Tor und schreiten damit ein gutes Stück durch Chemie und Physik. Naturwissenschaftlich besehen, ist Feuer ein Phänomen, das bei vielen chemischen Reaktionen auftritt. Zur optimalen Nutzung dieses Buches empfehle ich daher, den folgenden Versuch erst einmal durchzuführen und dabei die Beobachtungsaufgaben in Ruhe durchzugehen und, wenn möglich, zusammen mit anderen zu besprechen, bevor es mit den Erläuterungen weiter im Text geht (das gilt für alle vorgestellten Versuche, nicht nur beim Kerzenanzünden).

EINE KERZE WIRD ANGEZÜNDET

WIR BENÖTIGEN DAZU:

eine Kerze,
eine Packung Streichhölzer,
eine Untertasse,
eine feuerfeste Unterlage
(z. B. ein Küchenbrett).

DURCHFÜHRUNG:

1. Wir stellen eine Untertasse auf eine feuerfeste Unterlage.
2. Wir stellen die Kerze auf die Untertasse und zünden sie mit dem Streichholz an.

BEOBACHTUNGSAUFGABEN:

a) Welche äußeren Merkmale hat ein Feuer? Was zeichnet es aus?

b) Wie brennt ein Streichholz schneller? Wenn die Flamme nach oben oder nach unten gehalten wird?

c) Warum brennt ein benutzter Kerzendocht schneller als ein noch unbenutzter?

Die Kerze brennt! Wir erkennen die typischen Merkmale eines Feuers: Wir sehen das helle Licht der Kerzenflamme, spüren seine Wärme, sehen und riechen den Rauch. Schon bei diesem unheimlich einfachen Versuch haben wir viel beobachten können.

Zuallererst mussten wir das Streichholz entzünden. Das funktioniert mit der Reibefläche der Streichholzschachtel. Im Streichholzkopf befinden sich im Wesentlichen drei Stoffe: Schwefel, Antimon(V)-sulfid und Kaliumchlorat. Die Reibefläche besteht aus feinem Glaspulver und rotem Phosphor. Der Chemiker teilt diese Stoffe in Oxidationsmittel und Reduktionsmittel ein. Für den Anfang reicht es aber aus zu wissen, dass diese Stoffe miteinander Verbindungen eingehen können, wie wir es im Versuch mit den Bausteinen durchgespielt haben. Offen blieb dort die Frage, warum Atome sich zu Verbindungen zusammenfinden.

Wie in der Liebe muss man ihnen erst einmal einen kleinen Schubs geben, damit sie sich mit einem anderen Atom einlassen. In vielen Jahren wird sich zwischen Reibefläche und Streichholzkopf nichts abspielen, wenn nicht bestimmte Bedingungen eintreten, die sie zu einer Verbindung bewegen. Stellen wir uns eine große Disco vor. Hier die Liebe des Lebens für eine feste Verbindung zu finden ist nur dann möglich, wenn auch entsprechende Kandidaten die Disco besuchen. Discothekenbesitzer haben das schon lange verstanden und die »Ladys' Night« eingeführt, um nicht nur traurige Single-Männerherzen an der Bar sitzen zu haben. Es bedarf aber noch mehr: Die Stimmung muss stimmen! In einer vollen Disco mit viel Tanz, heißen Rhythmen und kalten Getränken ist die Chance, als Paar nach Hause zu gehen, ungleich größer. In der Chemie ist es im Grunde genommen ebenso. Mit der Reibefläche geben wir Aktivierungsenergie ins System, die die Reaktion zwischen den Partnern startet. Die ersten Pärchen haben solch eine Wirkung auf die anderen, dass sie gleich mehrere weitere Paare folgen. Es wird Energie frei, die den Fortlauf der Reaktion ermöglicht. Die Verbindung von Stoffen setzt nämlich (bei exothermen Reaktionen) in der Regel Energie frei, die wir uns hier im Streichholz für die nächste Reaktion zunutze machen wollen.

Die Menge der frei werdenden Energie können wir sogar bedingt steuern. Dem Start der Reaktion über den Streichholzkopf folgt nämlich umgehend die Reaktion des eigentlichen Holzes. Je nach Neigung wird die Flamme größer oder kleiner. Neigt sich das Streichholz mit Flamme nach unten, wird mehr Holz von der Flamme erreicht, und das Streichholz brennt schneller ab. Wird die Flamme auf der Spitze gehalten, kann das Streichholz sogar ausgehen, weil die Energie der Flamme für das Holz nicht (mehr) erreichbar ist.

Nähern wir die Flamme des Streichholzes an den Kerzendocht an, starten wir mit ihrer Energie eine weitere Reaktion. Das Anzünden einer frischen Kerze dauert immer ein wenig länger als bei einem Docht, der schon verwendet wurde. Das Streichholz, vielmehr die Energie der Reaktionspartner in Streichholzkopf und Streichholzholz, schmilzt zunächst die Wachsschicht, die sich am Docht befindet. Das flüssige Wachs im Docht ist nun ein Bestandteil der nächsten Reaktion, an deren Ende die Kerzenflamme leuchtet. Wieso? Dazu gibt es noch viel zu entdecken. Beginnen wir erst einmal mit den Partnern, die sich hier treffen.

NACHWEIS DER BESTAND-TEILE EINER KERZENFLAMME

WIR BENÖTIGEN DAZU:

eine dicke Kerze,
eine Packung Streichhölzer,
ein kleines und ein großes Glas,
zwei Esslöffel,
einen Eiswürfel,
eine Untertasse,
eine feuerfeste Unterlage
(z. B. ein Küchenbrett).

DURCHFÜHRUNG:

1. Wir stellen eine Untertasse auf eine feuerfeste Unterlage.
2. Wir stellen die dicke Kerze auf die Untertasse und entzünden sie.
3. Wir halten einen Löffel dicht über die Spitze der Kerzenflamme.
4. Wir nehmen einen weiteren Löffel und legen einen Eiswürfel darauf.
5. Wir halten den kalten Löffel mit Eiswürfel dicht über die Spitze der Kerzenflamme.
6. Wir stellen das Glas über die Kerze.

BEOBACHTUNGSAUFTRÄGE:

a) Welche Veränderungen zeigen sich an der Unterseite der Löffel?

b) Auf welche Stoffe oder Elemente weisen die Veränderungen hin?

c) Warum geht die Kerze nach einiger Zeit aus, wenn sie unter dem Glas steht?

d) Wie verändert sich die Zeit zum Erlöschen der Flamme, wenn wir ein größeres oder kleineres Glas nehmen?

Mit den verwendeten Materialien haben wir viel über das Feuer lernen können. Die Kerze ist unter dem Glas ausgegangen. Ein kleines Glas lässt die Kerze schneller erlöschen als ein großes Glas. Es muss etwas in dem Glas vorhanden sein, das Teil der Reaktion ist. Carl Wilhelm Scheele und Joseph Priestley (nicht zu verwechseln mit Jason Priestley aus der berühmten Fernsehserie Beverly Hills 90 20 10) machten um das Jahr 1771 herum ähnliche Experimente, zum Teil auch ein wenig makabre unter Beihilfe von Tieren, die unter Glasglocken gestellt wurden. Scheele erhitzte Braunstein und Kaliumpermanganat und erhielt dadurch ein farbloses Gas, das die Verbrennung förderte. Er nannte dieses Gas »Feuerluft«, erkannte es als Bestandteil der Luft und beschrieb, welche Bedeutung diese Feuerluft für Mensch und Tier hat. Der heutige Name Sauerstoff für die Feuerluft geht auf Joseph Priestley zurück. Priestley und Scheele konkurrierten – nach guter alter Wissenschaftstradition – mit der Veröffentlichung ihrer Forschungsergebnisse.

Es ist der Sauerstoff, den wir hiermit als einen Reaktionspartner entdeckt haben. Ist reichlich von ihm vorhanden, läuft die Reaktion stärker ab. Wenn wir an die Flirtparty in der Disco zurückdenken, wird klar, dass ein Angebot an vielen netten Damen die Chancen auf eine Verbindung erhöht. Sind alle »Ladys« vergeben, ist die Party zu Ende, das Feuer geht aus.

Die passenden Kerle für die Damen, um im Bild zu bleiben, haben wir mit den anderen Hilfsmitteln zu entdecken versucht. Der Löffel, den wir in die Kerzenflamme gehalten haben, hat sich schwarz verfärbt. Die Kerzenflamme rußt. Chemisch gesehen, besteht dieser Ruß überwiegend aus Kohlenstoff.

Als wir den eiswürfelgekühlten Löffel an die Flamme gehalten haben, haben sich kleine, feine Tröpfchen an der Unterseite des Löffels gezeigt. Diese Tröpfchen waren zuweilen auch am Glasrand zu entdecken, als wir das Glas über die Kerze stülpten. Es ist also Wasser bei der Reaktion entstanden.

Wenn wir weiter kombinieren, muss das Wasser, also die Verbindung von Sauerstoff mit Wasserstoff, unter Beisein von Wasserstoff entstanden sein. Etwas muss die Luft aufgebraucht haben. Es sind Kohlenstoff und Wasserstoff aus dem Kerzenwachs, das chemisch betrachtet nichts anderes als eine Mischung langkettiger Kohlenwasserstoffe (Alkane, Lipide, Ester) ist, also überwiegend aus Verbindungen dieser zwei Elemente besteht, die wiederum beide mit dem Sauerstoff reagieren können.

Wir haben uns ja nun schon mehrfach gedanklich in die Disco begeben: Wenn Sauerstoff die zwei Mädels auf dem Weg zur Toilette sind, dann sind Kohlenwasserstoffe die schunkelnden Männerreihen auf der Bank. In ihrem Zentrum liegen meist lange Ketten von Kohlenstoffatomen, an deren Außenseiten sich Wasserstoffatome halten. Die Ketten sind unterschiedlich lang, mal verzweigt, mal nicht, und manchmal mit weiteren Elementen als Gäste.

Die Farbe der Flamme zeigt uns indirekt, dass wir es hier mit einem langkettigen Kohlenwasserstoff zu tun haben. Angeregte Kohlenstoffatome geben der Flamme ihre typisch orangene Farbe. Zwei Dinge spielen hierbei eine Rolle. Im Lagerfeuer kann man auch andere Flammenfarben erkennen, wenn zum Beispiel Plastik oder mit chemischen Lacken behandeltes Papier verbrannt wird. Im Handel gibt es inzwischen besondere Geburtstagskerzen, die mit blauer, roter oder grüner Flamme brennen. Kaliumsalze lassen die Flamme bläulich leuchten, Kupfersalze grün, Strontiumsalze rötlich und Kohlenstoff eben gelblich-orange. Besitzer eines Gasherdes kennen das Phänomen, wenn Salzwasser auf die Gasflamme tropft und die Flamme kurz gelb aufleuchtet. Natriumchlorid zeigt sich also mit ähnlicher Flammenfarbe, wie auch der Kohlenstoff.

Welche Vorgänge genau die Atome unterschiedlich farbiges Licht abgeben lassen, ist ein Kapitel für sich. An dieser Stelle sei nur erwähnt, dass auch die Temperatur eine wichtige Rolle dabei spielt. So erscheint die Kerzenflamme bei genauem Blick nicht überall gleich orange, sondern unterschiedlich hell und an ihrer unteren Seite bläulich. Ein Infrarotthermometer zeigt uns die Temperaturunterschiede in der Flamme. Wir schieben hier mal einen Versuch ein.

EIN KREIS AUS TEELICHTEN

DAS SCHATTENFOTO EINER KERZENFLAMME

WIR BENÖTIGEN DAZU:

ein Infrarotthermometer,
zehn Teelichte,
eine Teelichtschale,
eine normale Kerze,
ein Blatt Papier,
eine Taschenlampe,
eine Packung Streichhölzer,
eine feuerfeste Unterlage
(z. B. ein Küchenbrett),
einen dunklen Raum.

DURCHFÜHRUNG:

1. Wir zünden ein Teelicht an und untersuchen mit dem Infrarotthermometer mehrere Punkte in der Kerzenflamme.
2. Wir stellen zehn Teelichte in einen Kreis zusammen und zünden sie an. Wir beobachten die Form der Flammen.
3. Wir dunkeln den Raum ab und bauen eine Kerze vor einem weißen Hintergrund auf. Ein Blatt Papier an eine Wand gelehnt reicht aus.
4. Wir zünden die Kerze an.

5. Wir richten die angeschaltete Taschenlampe auf die brennende Kerze und beobachten die Schattenverläufe dahinter auf dem weißen Papier.

BEOBACHTUNGSAUFGABEN:

a) Ist die Temperatur in der Kerze überall gleich? Welche Bereiche der Kerze haben welche Temperatur?
b) In wie viele Bereiche kann man die Kerzenflamme einteilen?
c) Wie ändert sich die Form der Kerzenflamme im Kerzenkreis?
d) Welche Schatten sind hinter der angestrahlten Kerzenflamme zu erkennen?

Die Messung mit dem Infrarotthermometer ergibt unterschiedliche Temperaturen. Oberhalb des Dochtes sind es gerade mal 600 Grad Celsius. Der Bereich erscheint dunkel. Im darüber liegenden orange-gelben Bereich steigt die Temperatur auf etwa 1000 Grad, und noch ein Stückchen höher, im helleren, bläulichen Bereich zur Spitze hin sind es bis zu 1400 Grad Celsius in den Außenbereichen. Den unteren, etwas kühleren Bereich in der Mitte nennt der Chemiker Flammenkern. Darüber leuchtet der Flammenmantel, und die äußeren Bereiche werden Flammensaum genannt.

Wir stellen uns eine Disco mit Bar, Tanzfläche und einigen stillen Nischen am Rande vor. Im lichtleeren Bereich um den Docht, der Bar der Disco, scheint die Reaktion nur wenig im Gange zu sein. Klar, denn die

Kohlenwasserstoffketten sind hier fast unter sich. Die Energie der Reaktionen um sie herum lässt ihre Ketten brechen. Die Stimmung fernab der Tanzfläche ist also gut, man macht sich in kleineren Gruppen zur Reaktion bereit. Es wird sich viel bewegt, sodass die Ketten schwingen, sich drehen, zusammenknäulen und letztlich pyrolytisch gespalten werden. Dabei entstehen einzelne freie Wasserstoff- und Kohlenstoffatome und zahlreiche Kettenbruchstücke, die auch »Radikale« genannt werden, weil sie interessiert an einer Bindung sind. Klar, wenn man von seinen Kumpels getrennt wird, sucht man sich eben neue Partner, oder? Fachlich korrekt nennt man diese Phase der Gruppentrennung, also immer wenn sich größere Strukturen bei hohen Temperaturen in kleinere zersetzen, Pyrolyse.

Zur Kerzenflammenmitte, der Tanzfläche, hin beginnt die Reaktion der nun einsamen Herzen mit dem Sauerstoff. Mitgerissen durch die Thermodynamik, entkommen die Kohlenwasserstoffe ihrem Schicksal, einer Bindung mit dem Sauerstoff, nicht. Dies zeigen unsere Beobachtungen vor dem weißen Hintergrund. Die Schlieren zeigen den Luftstrom warmer Luft über der Kerze. Von den Seiten strömt kältere Luft nach, wie unser Versuch mit dem Kerzenkreis belegt. Im Kreis zeigen alle Kerzenflammen nicht mehr nach oben, sondern nach innen. Konvektionsströme aus erwärmter Luft und hinterherströmende kalte Luft sorgen dafür und letztlich auch für die Kerzenform. Ohne die Konvektion, also das Aufsteigen warmer Luft, kann die Flamme auch nicht so stark in Gang kommen. Forscher haben Kerzen außerhalb des Schwerefeldes der Erde beobachtet. Ohne die Erdanziehung besteht auch keine Konvektion, kein Auftrieb, und die Kerze brennt nur noch deutlich schwächer und mit weniger Temperatur in einem fahlen Blau. Die Form der Flamme ist dann auch kein Tropfen mehr, sondern kugelförmig.

Der Nachschub an Sauerstoff gelingt besonders gut durch den Kamineffekt. Wir vollziehen das mit einem weiteren Experiment nach, dem Feuertornado.

DER FEUERTORNADO

WIR BENÖTIGEN DAZU:

ein transparentes Plexiglasrohr oder Glasrohr (Länge 30 cm, Durchmesser 10 cm),
eine Säge bzw. einen Glasschneider,
einen Filzstift,
ein Lineal (30 cm),
eine Flasche Reinigungsalkohol (99 % Isopropanol),
einen Wattebausch,
eine Teelichtschale,
eine feuerfeste Unterlage (z. B. Holzbrett),
eine Packung Streichhölzer.

DURCHFÜHRUNG:

1. Wir zeichnen mit Filzstift und Lineal längs zwei Linien auf das Rohr, um es damit in zwei gleich große Hälften aufzuteilen. Mit der Säge bzw. dem Glasschneider halbieren wir das Rohr entlang der vorgezeichneten Linien in zwei Längshälften.
2. Wir stellen die Teelichtschale auf die feuerfeste Unterlage und geben den Wattebausch hinein.

3. Wir tränken den Wattebausch mit etwas Isopropanol und zünden ihn in der Teelichtschale an.
4. Wir stellen die Rohrhälften so um die Teelichtschale, dass sie abschließen.
5. Wir verschieben die vordere Rohrhälfte um 1–3 Zentimeter nach rechts, sodass beide Hälften nun leicht versetzt stehen und ein Spalt links und rechts von der Teelichtschale entsteht.
6. Wir achten darauf, dass die Rohrhälften nicht zu lange oder zu dicht an der Flamme stehen, um ein Schmelzen zu verhindern.

BEOBACHTUNGSAUFGABEN:

a) Wie entwickelt sich der Feuertornado, wenn die Rohrhälften wieder dicht aneinandergeschoben werden?
b) Wie entwickelt sich der Feuertornado, wenn eine Rohrhälfte komplett entfernt wird?
c) Bei welchem Abstand und bei welchem Rohrdurchmesser entwickelt sich der höchste Flammenstand?

Auch hier spielt die Konvektion, also das Aufsteigen von warmer Luft, eine Rolle. Verschieben wir die Plexiglashälften, wird die Flamme in der Mitte deutlich größer. Ein mehrere Zentimeter langer Feuertornado steigt empor. Verschieben wir die Röhren, sodass sie lückenfrei abschließen, wird die Flamme wieder kleiner. Die Luftströmungen, die dabei eine Rolle spielen, scheinen von den Seiten her zu kommen. Mit einem glimmenden Stück Watte lassen sie sich sogar nachweisen. Wir stellen die noch leicht rauchende Watte einfach anstelle des Alkohols in die Mitte zwischen den Röhrenhälften oder an die Ränder vor der Röhre. Deutlich erkennbar bewegt sich der zirkulierende Rauch- und Luftstrom wie ein Tornado von den Seiten des Glases in die Höhe.

Tornado ist fachlich eigentlich nicht der richtige Begriff. Eine Kleintrombe ist ein rotierender Luftwirbel, der nach oben hin in seiner Geschwindigkeit immer weiter zunimmt. Ein Pirouettenläufer auf dem Eis zeigt einen ähnlichen Effekt, wenn er sich dreht: Zieht er die Arme an, wird er schneller. Die Physiker nennen das auch Drehimpulserhaltung.

Mit einem Bürostuhl kann man das gut nachvollziehen, wenn man Arme und Beine ausstreckt und wieder einzieht. Alles in diesem kleinen System bleibt gleich, nur eben die Arm- und Beinlänge nicht, sobald man alle viere einzieht. Diese Veränderung der Masse und Trägheit in der Drehung erhöht die Geschwindigkeit.

Der rotierende und schneller werdende Wirbel in unserer Röhre nimmt Brennstoff mit und bringt ihn in Kontakt mit Sauerstoff. Von den Seiten kann Sauerstoff nachströmen. Die Party wird also stets mit Nachschub an Tanzpartnern versorgt, während die bereits neu gefundenen Pärchen von der Tanzfläche gen Sieben Himmel entfernt werden. So in etwa läuft es auch im Kamin ab. Der Kamineffekt tritt auf, wenn im Kamin ein Feuer entzündet wird und die Luft darüber erwärmt. Die warme Luft steigt auf und würde einen leeren Raum hinterlassen, wenn nicht ausreichend Luft hinterherströmen würde. In der Praxis bliebe kein leerer Raum. Ist der Kamin nicht so gebaut, dass Luft von unten nachströmt, dann fehlt es an Sauerstoff, was wiederum bedeutet, dass die Partnerwahl unvollständig verläuft, das Feuer rußt und schließlich ausgeht. Am heimischen Kamin gibt es meist einen Hebel, mit dem man die Luftzufuhr regeln kann.

Zurück zur Flirtparty, die ja noch in vollem Gange ist. Auf der Tanzfläche in der Mitte der Kerzenflamme herrscht noch ein Überschuss an Kohlenwasserstoffen, sodass hier einige Reaktionen nur unvollständig ablaufen. Einzelne angeregte Kohlenstoffatome erzeugen das farbige Leuchten. In der Disco sprechen wir vom »John-Travolta-Effekt«.

Weiter am Rand im Grenzbereich zwischen Luft und Flamme mischen sich immer mehr Travoltas mit Sauerstoff. Ab hier wendet sich das Blatt, und die Damenwahl mit Damenüberschuss sorgt für eine vollständige Reaktion. Nur wenige Kohlenstoffteilchen entweichen noch als Ruß. Mit dem Löffel haben wir diese Abläufe gestört und den Kohlenstoff nachgewiesen.

Die Flamme der Kerze ist also eine Erscheinung der frei werdenden Energie in der Reaktion des Kohlenstoffs zu Kohlenstoffdioxid und des Wasserstoffs zu Wasser. Jede Reaktion zwischen Kohlenstoff oder Wasserstoff mit Sauerstoff liefert neue Energie für weitere Reaktionen und nutzbares Licht und Wärme für uns. Die Heizleistung eines einzelnen Teelichts beträgt 30 bis 40 Watt. Das Teelicht kann jede Sekunde etwa 40 Joule an Energie für Arbeit aufwenden, wie Wasser kochen, Luft erwärmen oder Brandblasen an Fingern entstehen lassen. Tatsächlich gibt es Bauanleitungen für Heizungen auf Teelichtbasis, mit denen kleine und gut isolierte Räume angeblich gut beheizt werden können. Die Produktion von Teelichten aus Erdölprodukten, ihre Aluschalen und der Preis für Teelichte machen sie aber nicht zur ernsthaften Konkurrenz für ökologischere Heizverfahren.

Die heißeste Flamme, die bislang entdeckt wurde, hat übrigens eine Temperatur von rund 6000 Grad Celsius und entsteht, wenn man Dicyanoethin und Ozon unter hohem Druck von 40 bar verbrennt. Die Reaktionen des Kohlenstoffs und Wasserstoffs liefern dagegen nur schlappe 1400 Grad Celsius.

Der Chemiker schreibt die Reaktionspartner in der Kerzenflamme wieder verkürzt mit Buchstaben auf. Für den Kohlenstoff verwendet er den Buchstaben C als Abkürzung für Carbonium. Oxygenium und Hydrogenium haben wir ja bereits als Sauerstoff und Wasserstoff kennengelernt.

$$C + O_2 \longrightarrow CO_2$$
$$H + O_2 \longrightarrow H_2O$$

Kohlenstoff und Sauerstoff reagieren zu Kohlenstoffdioxid.
Wasserstoff und Sauerstoff reagieren zu Wasser.

Vereinfacht ausgedrückt, verbinden sich die beiden Hauptbestandteile der langen Kohlenwasserstoffketten zu neuen Verbindungen (mit den Mädels vom Sauerstoff). Die schunkelnde Truppe wird dabei aufgebrochen, bis sie sich vollständig mit ihren neuen Partnern eingelassen hat. Es sei denn, der Nachschub an Sauerstoff stockt oder andere Umgebungsfaktoren ändern sich, dazu aber später mehr, wenn wir uns um das Löschen des Feuers und Begriffe wie Temperatur, Konzentration, Zerteilungsgrad und Katalysatoren bemühen. Ein kleiner Teil der Kohlenwasserstoffe und ihrer Bruchstücke bleibt auch erhalten. Wir sehen sie am Rand der Party als blaues Leuchten der Flamme im unteren Bereich. Sie kommen auch in anderen Bereichen der Party vor, werden aber von der Energie dort überstrahlt. Der wesentliche Grund der Energieabgabe wird mit den beiden Formeln kurz und prägnant zusammengefasst: Kohlenstoff- und Wasserstoffatome verbinden sich mit Sauerstoff zu Kohlenstoffdioxid beziehungsweise Diwasserstoffmonoxid, also Wasser. Durch Feuer entsteht Wasser, das wir als Tröpfchen am kalten Löffel entdeckt haben. Das allein ist ja schon eine faszinierende Erkenntnis, denkt man doch spontan, dass Wasser zum Löschen von Feuer da ist.

Das andere Reaktionsprodukt, das Kohlenstoffdioxid haben wir nur vermuten können. Wer es hier noch genauer haben möchte, dem empfehle ich im Baumarkt nach gelöschtem Kalk zu fragen. Der Nachweis lässt sich mit einer klaren Lösung des gelöschten Kalks führen. Dazu geben wir einfach ein wenig gelöschten Kalk in Wasser, filtern den Bodensatz ab, und fertig ist das Kalkwasser beziehungsweise die Kalziumhydroxidlösung. Kalziumhydroxid verbindet sich mit Kohlenstoffdioxid zu Kalziumkarbonat, das schwerer löslich ist und damit aus der Lösung ausfällt. Einfacher ausgedrückt: Wir sehen einen trüben Niederschlag im Kalkwasser, wenn es auf Kohlenstoffdioxid trifft. Also ausprobieren und sich bestätigt fühlen: Das Kalkwasser trübt sich, wenn wir es zur »verbrauchten« Luft der Kerze geben.

Der Kohlenstoff hat sich nun also mit zwei Sauerstoffatomen verbunden. Mit zwei Mädels im Arm nach Hause gehen, das klingt nach einer ziemlich wilden Party, doch in der Chemie ist es in diesem Fall tatsächlich was Ernstes. Wie im echten Leben wird neuen Verbindungen auch hier ein Name gegeben, der auf die teilnehmenden Partner schließen lässt. (Doppelnamen waren ja auch unter Menschen eine Zeit lang sehr beliebt.) Kohlenstoff und Sauerstoff tragen in ihrer Verbindung natürlich nicht den Namen Müller-Lüdenscheid, sondern Kohlenstoff-di-oxid (»di« steht für zwei), während Wasserstoff und Sauerstoff in ihrer Verbindung Di-wasserstoff-mon-oxid heißen (»mon(o)« steht für eins). Verbindungen des Sauerstoffs enden zumeist auf »-oxid«. Reaktionen, in denen Sauerstoff mit einem Partner reagiert, nennt man daher auch Oxidationen, und die Stoffe, die dabei entstehen, nennt man Oxide.

Die Partner vor und nach der Reaktion, der Chemiker sagt dazu Edukte und Produkte, haben wir mit einfachen Mitteln ausgemacht und benennen können. Zum Bild der Wahrheit gehört nun noch, dass Kohlenstoff und Wasserstoff als Edukte (vor dem Discobesuch) und Kohlenstoffdioxid und Wasser als Produkte (nach der Party) nur als Summe in die Reaktion eingehen beziehungsweise aus ihr hervorgehen. Der Chemiker würde dafür solch eine Reaktionsgleichung aufstellen:

$$C_{20}H_{42} + 30{,}5\ O_2 \longrightarrow 20\ CO_2 + 21\ H_2O$$

Wachs und Sauerstoff reagieren zu Kohlenstoffdioxid und Wasser.

Ein Molekül Wachs, die lange Kohlenwasserstoffverbindung $C_{20}H_{42}$ verbindet sich mit 30,5 Sauerstoffmolekülen O_2, das heißt mit 61 Sauerstoffatomen. Dabei entstehen 20 Kohlenstoffdioxidmoleküle (CO_2) und 21 Wassermoleküle (H_2O). Die 1 vor dem Wachsmolekül $C_{20}H_{42}$ spart sich der Chemiker; bei Formeln sind Chemiker besonders faul: Was nicht unbedingt geschrieben werden muss, wird gnadenlos weggelassen.

Da aber jede Flamme, wie wir bereits herausgefunden haben, höchst individuell ist und dieses Schema nur ein einzelnes Wachsmolekül beschreibt, stellen sich auch viele weitere Reaktionen mit kürzeren oder längeren Ketten und Kettenbruchstücken ein. Wissenschaftler haben mehr als 60 verschiedene Reaktionen in der Kerzenflamme gefunden, weitaus mehr werden noch vermutet. Also: Bausteine raus und alle möglichen Kettenlängen nachbauen! War nur Spaß, das wäre jetzt doch ein bisschen viel verlangt – aber sicher ein schöne Projektidee für »Jugend forscht«.

Die Grundlagen des Verbrennungsvorganges haben wir damit betrachtet, doch es gibt noch viel mehr zu entdecken, zum Beispiel die komplexe Struktur, die eine Kerze sofort brennen lässt, während die Grillkohle nur müde glimmt, oder anders gefragt: Warum nutzen wir eigentlich Grillanzünder, und was hat all das mit einem brennenden Geldschein zu tun?

Brennende Finger, Geldscheine und Fahrenheit 451

Ohne lange Worte vorweg legen wir mit dem bislang erworbenen Wissen über Feuer und Flamme Hand an einen sehr spektakulären Versuch. Doch Vorsicht – nicht die Finger verbrennen!

EIN BRENNENDER GELDSCHEIN

WIR BENÖTIGEN DAZU:

zwei Schalen,
eine Untertasse,
eine Flasche Desinfektionsgel,
eine Flasche mit Wasser,
ein Stabfeuerzeug,
einen Teelöffel Kochsalz,
eine Flasche Ethanol oder
Brennspiritus,
einen 50-Euro-Schein,
eine Grillzange,
einen Messbecher,
eine feuerfeste Aluschale,
eine feuerfeste Unterlage
(z. B. ein Küchenbrett).

DURCHFÜHRUNG TEIL 1, GEL:

1. Wir dunkeln den Raum ab und legen alle Materialien auf einer feuerfesten Unterlage bereit.
2. Wir füllen Wasser in eine der beiden normalen Schalen (nicht die feuerfeste Aluschale). Diese Schale halten wir zum Löschen bereit.
3. Wir geben zwei bis drei Tropfen des Desinfektionsgels auf die Untertasse und entzünden es mit dem Stabfeuerzeug.

4. Wir krempeln einen Ärmel hoch und nehmen sehr vorsichtig einen brennenden Tropfen auf die Spitze unseres Zeigefingers.
5. Wir halten den Tropfen und drehen dabei den Finger.
6. Wenn es heiß wird, halten wir den Finger rasch in die Schale mit Wasser.

DURCHFÜHRUNG TEIL 2, GELDSCHEIN:

1. Wir geben eine Mischung aus Ethanol und Wasser im Verhältnis von 50:50 in die zweite Schale. Statt reinem Ethanol aus der Apotheke können wir auch Spiritus verwenden. In die Schale geben wir noch einen Teelöffel Kochsalz und rühren um.
2. Wir stellen die Schale mit der Lösung auf eine feuerfeste Unterlage, stellen die Aluschale daneben und legen ein Stabfeuerzeug bereit.
3. Mit einer Grillzange tauchen wir den Geldschein komplett in die Alkohollösung und lassen ihn etwa eine Minute ziehen.
4. Anschließend nehmen wir den Geldschein mit der Zange wieder aus der Lösung heraus und halten ihn über die Aluschale.
5. Wir zünden den Geldschein mit dem Stabfeuerzeug an.
6. Wir legen den Schein zum Ausbrennen in die Aluschale.

BEOBACHTUNGSAUFGABEN:

a) Wie lange dauert es, bis der brennende Tropfen auf dem Finger anfängt, merklich heiß zu werden? Was ändert sich, wenn der Finger gedreht wird?

b) Welche Farbe haben die Flammen des Desinfektionsmittels und des Alkohols?

Autsch! Das hat wehgetan, oder? Die brennende Paste hat aber nicht sofort geschmerzt. Das Gel konnte mehrere Sekunden auf dem Finger brennen, ohne dass wir etwas davon mitbekommen haben. Beim Drehen des Fingers wurde das dann ganz schnell anders. Wir erinnern uns an den Versuch mit dem Streichholz. Es brannte nach unten gehalten viel schneller. Die Energie des Feuers nutzte dem Holz wenig, wenn sie vor allem nach oben gerichtet an ihm vorbeiging. Unser Finger bekommt die Hitze entsprechend zu spüren, wenn wir das Gel nach unten drehen. Doch auch wenn die Flamme nach oben zeigt, wird es rasch sehr unangenehm für unsere Fingerspitze. Doch einen Moment lang können wir mit der Flamme verweilen, bevor wir den Finger in die Wasserschale stecken.

Noch spektakulärer ist der Geldscheinversuch. Die Flammen sind deutlich zu erkennen, und der Schein brennt lichterloh – oder etwa nicht? Das Kochsalz trägt dazu bei, dass die Flamme nicht nur blau, sondern nun auch gelb leuchtend zu erkennen ist. Doch Überraschung: Der Schein bleibt ganz, und die Flamme erlischt nach einiger Zeit. Er ist trocken, mehr aber nicht. Von wegen Asche zu Asche. Da stellt sich die Frage: Was hat hier eigentlich gebrannt?

Wer den 50-Euro-Schein mal ohne Alkohol entzündet, bemerkt den Unterschied nicht nur im Portemonnaie. Ein Stück Papier zu verbrennen reicht zur Anschauung natürlich auch erst einmal aus. Das Papier brennt mit gelber Flamme, was – wie wir mittlerweile wissen – ein Zeichen für den Kohlenstoff im Papier ist. Papier und Geldschein bestehen aus Cellulose, einem Stoff, der wie das Kerzenwachs überwiegend aus miteinander komplex verstrickten Kohlenstoff- und Wasserstoffatomen besteht. Bei unserem Versuch sind aber auch Wassermoleküle und Trinkalkohol (Ethanol) mit dabei. Ethanolmoleküle sind ebenfalls Kohlenwasserstoffe, sogar recht niedliche Strukturen, weil die Kohlenstoffatome und Wasserstoffatome im Ethanolmolekül die Umrisse eines Hundes annehmen. Der »Alko-Waldi« besteht aber aus nur neun Atomen, während Cellulose demgegenüber ein riesiger Verbund aus mehreren Hundert bis Zehntausenden von β-D-Glucose-Molekülen oder auch Cellobiose-Einheiten ist. Wer bei dem Wort Glucose stutzt – ja, richtig gelesen: ganz viel Zucker!

Warum der Kohlenstoff so ein Baukünstler ist und so viele unterschiedliche Ketten, Ringe, Verbünde und Beziehungen eingeht, könnte ich eigentlich in einem eigenen Buch beschreiben, weil sich so viel darüber erzählen lässt. Für den Moment reicht uns die Einsicht, dass Cellulose etwas ganz anderes als Ethanol ist, auch wenn ihre Grundbausteine die gleichen sind. Bereits anhand der Anzahl an Bausteinen können wir vermuten, dass ihre Eigenschaften ganz unterschiedlich sind. Wenige Bausteine machen das Ethanol zu einer Flüssigkeit, die leicht verdampft. Die unzähligen Bausteine geben der Cellulose dagegen eine feste, netzartige Struktur. Dieses Netz saugt sich merklich mit unserer Wasser-Alkohol-Lösung voll. Ein Teil des Alkohols bleibt im Wasser, ein Teil verdampft und liegt dann gasförmig über der Lösung vor. Mit dem Feuerzeug können wir diesen gasförmigen Alkohol zünden. Im Geldschein wird der Alkohol sogar noch weiter verteilt, was ihn schneller gasförmig werden lässt. Ein kurzer Zusatzversuch kann das veranschaulichen.

Dazu einfach zwei kleine Gläser gleich voll mit Wasser füllen. Das eine auf den Teppich auskippen und das andere stehen lassen. Mehrere Stunden warten und dann Glas und Fleck vergleichen. Im Glas mit kleinerer Wasseroberfläche sieht alles noch fast gleich aus. Der Fleck auf dem Teppich ist wahrscheinlich schon komplett weg – er hat sich in Luft aufgelöst. Ganz ähnlich war das bei unseren beiden Feuerversuchen. Beim Zünden des Gels haben wir gesehen, wie es langsam immer kleiner wird. Alkohol verbrennt und erhitzt weiteren Alkohol, der dann auch wieder verdampft und verbrennt. Im Geldschein passiert dies ebenso. Der Alkohol brennt, verdampft und brennt. Die Verbrennung wird durch ihn selbst aufrechterhalten, bis aller Alkohol mit Sauerstoff umgesetzt wurde.

In einer Formel ausgedrückt, sieht die Reaktion des Alkohols mit dem Sauerstoff ähnlich aus wie bei unserem Discoabend mit Partnerwechsel in der Kerzenflamme. Wer mag, schnappt sich nun seine Bausteine und bastelt nach, um auf die richtige Anzahl von Reaktionspartnern zu kommen.

$$C_2H_5OH + 3\ O_2 \longrightarrow 2\ CO_2 + 3\ H_2O$$

Ethanol und Sauerstoff reagieren zu Kohlenstoffdioxid und Wasser.

Doch warum brennt der Schein selbst nicht? Des Rätsels Lösung liegt im Wasser. Das Wasser im Cellulosenetz verdampft auch. Aus der Küche wissen wir, dass es Energie benötigt, um Wasser zum »Kochen«, genauer: zum Verdampfen zu bringen. Diese Energie bringt die Flamme des Alkohols auf, jedoch reicht sie dann nicht mehr, um auch noch die Cellulose zu verbrennen. Ist das Wasser weg, dann sieht es anders aus, wie wir auf unserem brennenden Finger gemerkt haben.

Der US-amerikanische Autor Ray Bradbury schreibt in seinem Roman *Fahrenheit 451* über einen Staat, in dem es verboten ist, Bücher zu besitzen. Die Aufgabe der Feuerwehr ist nicht etwa das Löschen, sondern das Verbrennen von Büchern. Auf ihren Helmen tragen sie die Zahl 451: Das steht für die Temperatur, bei der das Papier der Bücher sich entzündet. Bradbury nahm diese Temperatur willkürlich an. Tatsächlich entzündet Zeitungspapier sich bereits bei einer Temperatur von etwa 175 Grad Celsius, weshalb das Buch eigentlich *Fahrenheit 347* heißen müsste. Etwas dickeres Schreibpapier entzündet sich bei einer Zündtemperatur von etwa 360 Grad Celsius, weshalb auch *Fahrenheit 680* denkbar wäre. Sehen wir es dem Autor also nach, dass er hier eine Art Mittelwert genommen hat. In jedem Fall liegt die Temperatur, bei der Cellulose zündet, weitaus höher als die 100 Grad Celsius, bei der das Wasser verdampft.

Ob etwas brennt oder nicht, hängt also von den Eigenschaften des Materials ab und von der Höhe der entstehenden Temperatur. Letztlich sind es bei unserem nur scheinbar brennenden Geldschein die Eigenschaft der Cellulose, keine brennbaren Gase zu bilden, und die Eigenschaft des Wassers, bei Hitze zu verdampfen und dafür Energie aus dem System zu entnehmen, die wir als Gründe für diesen spannenden Trick ausgemacht haben. Aber auch die Verteilung des Brennstoffs spielt eine Rolle. Schauen wir uns diesen Aspekt gleich mal in einem weiteren Versuch genauer an und bauen uns eine Kerze.

Kerzenbau, Tacochips und Goethes Klagen

Vor der Erfindung der Elektrizität hatte das Kerzenlicht einen heute kaum mehr vorstellbaren Stellenwert im Leben der Menschen, und die Herstellung der Kerzen war für die Versorgung der Haushalte mit ihrem Licht von großer Bedeutung. Fürsten und Adelige waren nicht unbedingt zu beneiden, denn die Illumination des eigenen Schlosses fiel teuer, aufwendig und rußig aus. Heute erhalten wir eine Packung Teelichte im Supermarkt für wenig Geld und schenken Kerzen außerhalb der Weihnachtszeit oft nur noch wenig Beachtung. Doch die Erfindung der Kerze war ein wesentlicher Schritt in die Moderne, und selbst heute, in Zeiten elektrischen Lichts und im Schimmer einer Lagerfeuer-App, kann das Wissen um die Kerze manche romantische Verabredung mit unserer Liebsten retten oder scheitern lassen. Grund genug, uns die Funktion einer Kerze erst einmal dadurch klar zu machen, indem wir eine Kerze nachbauen.

DIE MARZIPANKERZE

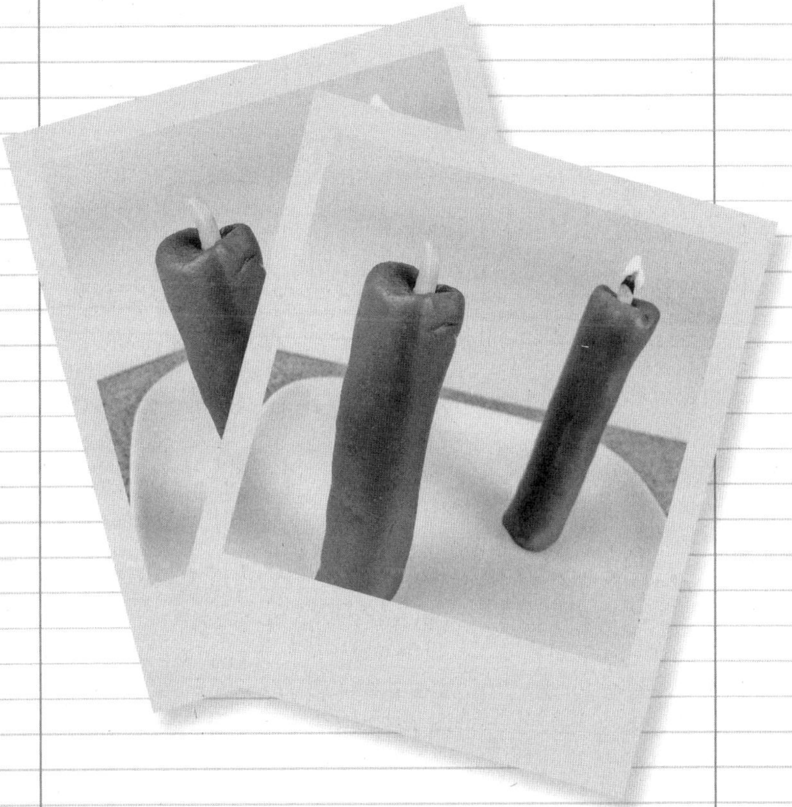

EIN TACOCHIP ALS GRILL-ANZÜNDER

WIR BENÖTIGEN DAZU:

ein Stück Rohmarzipan,
ein paar Mandelsplitter,
ein Feuerzeug,
zwei Teelichte,
eine Untertasse,
eine Wäscheklammer aus Holz,
ein paar Walnusskerne,
Tacochips,
einen Wachsmalstift,
ein Holzbrett,
ein Küchenmesser,
eine Knoblauchpresse,
drei Filterpapiere (Kaffeefilter),
eine Salatgurke
einen Föhn,
eine feuerfeste Unterlage
(z. B. ein Küchenbrett).

DURCHFÜHRUNG MANDELKERZE:

1. Wir stecken einen Mandelstift in das Marzipanstück und zünden ihn mit dem Feuerzeug an.

DURCHFÜHRUNG TEIL 2, WALNUSS, TACOCHIP, WACHSMALSTIFT:

1. Wir entzünden ein Teelicht auf einer Untertasse.
2. Wir fassen einen Walnusskern mit der Wäscheklammer und halten ihn in die Flamme der Kerze, bis er selbst zu brennen beginnt.
3. Wir lassen den Wallnusskern nun wie eine Kerze abbrennen.
4. Wir wiederholen den gleichen Versuchsablauf mit einem Tacochip und dem Wachsmalstift. *Achtung:* Nur über die Untertasse halten. Brennendes Fett kann heruntertropfen.
5. Wir löschen die Flammen bei allen Versuchen rasch und lüften den Raum danach gründlich.

DURCHFÜHRUNG TEIL 3, MANDEL-/WALNUSSÖL, GURKE, MARZIPAN:

1. Wir nehmen ein Teelicht aus seiner Teelichtschale.
2. Wir nehmen Holzbrett und Küchenmesser, schneiden einige Mandelsplitter und/oder Wallnusskerne klein und geben sie in die Knoblauchpresse.
3. Wir halten die Knoblauchpresse über die Teelichtschale, um Öle aufzufangen.
4. Haben wir genug Öl gesammelt, tauchen wir ein Stück Filterpapier hinein.
5. Zum Vergleich reiben wir ein Stück aufgeschnittene Gurke an einem weiteren Stück Filterpapier.

Ein Stück des Marzipans reiben wir an einem dritten Stück Filterpapier.

6. Wir trocknen die Papiere mit einem Föhn und beobachten, welche Flecken zurückbleiben.

DURCHFÜHRUNG TEIL 4, MANDEL-/WALNUSSÖL, GURKE, MARZIPAN

1. Wir stellen ein Teelicht auf eine feuerfeste Unterlage und zünden es an.
2. Wir halten ein Streichholz an die Kerzenflamme.
3. Wir zählen, wie lange das Streichholz brennt. (Kurz vor dem Finger pusten wir es aus.)
4. Wir zünden ein zweites Streichholz in der Kerzenflamme und tauchen es direkt danach in das flüssige Kerzenwachs, sodass es ordentlich mit Wachs getränkt ist.
5. Wir lassen das getränkte Streichholz nun wieder abbrennen (im gleichen Winkel wie das erste) und zählen, wie lange es dauert, bis es abgebrannt ist.

BEOBACHTUNGSAUFTRÄGE:

a) Warum brennen Mandel, Walnuss und Tacochip?

b) Warum lässt sich das Filterpapier mit dem Gurkenabdruck trocknen, während auf den anderen Flecken verbleiben?

c) Warum brennt ein wachsgetränktes Streichholz länger?

Ich erinnere mich an einen lauen Sommertag, an dem ich meine damalige Freundin im Park mit einem Einweggrill und frischem Grillgut beeindrucken wollte. Der Grillanzünder brannte für sich ab, und der Grill blieb kalt. Schöne Pleite.

Wir haben ja schon gelernt, dass die Kohle erst mit Aktivierungsenergie zur Reaktion animiert werden muss. Damals im Park versuchte ich noch mit dem Feuerzeug mein Glück, leider ohne Erfolg. Bevor die Kohle glüht, verkohlen einem da die Finger. Nicht umsonst nutzen wir Grillanzünder, um die Reaktion in Gang zu bringen. Doch warum klappt das mit dem Grillanzünder so viel besser als mit dem Stück Kohle?

Einen Aspekt bei der ganzen Sache haben wir vorhin beim brennenden Geld schon erfahren, Stichwort: Materialeigenschaften. Grillanzünder sind anders zusammengesetzt, sie enthalten andere Stoffe als unser Stück Grillkohle, das sich überwiegend aus Kohlenstoff zusammensetzt. In unserer letzten Experimentierreihe konnten wir sehen, was sich als Selbstbaugrillanzünder und als Kerze eignet. Der Mandelstift, den wir ins Marzipan steckten, brannte wie ein natürlicher Kerzendocht Stück für Stück ab, ebenso die Walnuss und der Tacochip. Die Flamme schien durch etwas unterhalten zu werden, wie das Wachs, das als Brennstoff bei Kerzen dient. Wachs ist einer dieser Stoffe, die sich zum Unterhalten einer längeren Flamme an einem Docht eignen, wie wir auch an dem Streichholz feststellten, das in Wachs getränkt viel länger brannte als das »nackte« Streichholz. Auch der Wachsmalstift brannte kerzengleich. Im Tacochip oder den Nüssen steckt nun kein Wachs, aber eine andere geeignete Substanz, die wir mit dem Filterpapier nachweisen konnten. Dieses Nachweisverfahren nennt man übrigens auch Fettfleckprobe. Denn wenig überraschend steckt in Nüssen und Chips viel Fett, das sich nicht nur leicht auf die Hüften legt, sondern eben auch leicht brennbar ist. Fette und Öle gehören seit jeher zu den am häufigsten verwendeten Stoffen in Lampen und Kerzen. Sie sind leicht brennbar, aber eben nicht von vornherein. Wir können das noch einmal mit einer Streichholzflamme testen, die wir an das aufgefangene Nussöl aus dem Versuch halten. Es wird nicht brennen. Erst ein Docht, zum Beispiel aus einem Stück Wolle, den wir in das Öl tauchen, ermöglicht uns, das Öl zu entzünden.

Nicht nur der Stoff, hier das Öl, selbst, sondern auch seine Verteilung spielen eine Rolle. In unserer chemischen Disco müssen die Tanzpartner also zueinandergeführt werden, und zwar so, dass sie nicht zu schnell oder zu langsam miteinander reagieren. Der sorgsam orchestrierte Tanzabend, wenn man so will. Am Taktstock: der Docht.

Das Prinzip »Docht« (veraltet auch Lichtgarn) war der Menschheit bekannt, lange bevor die erste Disco ihre Pforten öffnete. Schon im 6. Jahrhundert v. Chr. wurden im alten Griechenland Hölzer mit Kien, Öl und Fett getränkt, um Fackeln herzustellen. Rizinusöl und Talg wurden im alten Ägypten und im alten Rom für Fackeln und Lampen verwendet. Die Römer nutzten außerdem erste Bienenwachskerzen. Später waren sie den Kirchen, Fürsten und reichen Bürgern vorbehalten. Das gemeine Volk stellte Kerzen und Lampen aus Rindernierenfett und Hammeltalg her, womit zugleich die ersten Duftkerzen erfunden waren.

Erst im 19. Jahrhundert gelang es weit verbreitet, Stearin und Paraffin zur Kerzenherstellung zu nutzen. Der französische Chemiker Eugène Chevreul verseifte Schweinefett und stieß dabei auf das Stearin, während der Schwabe Karl Ludwig von Reichenbach das Paraffin in Holzteer fand. Und auch der Docht machte im 19. Jahrhundert noch einen wichtigen Entwicklungsschritt: Ab 1828 hieß es » nicht gedreht«, nachdem der Franzose Jules de Cambacéres den mit Drall gewundenen Baumwolldocht erfunden hatte. Der Clou: Die gekrümmte Dochtspitze zerfiel in der Flamme, damit war auch noch die teilautomatische Dochtstutzung erfunden. Vorher mussten Dochte von Hand gekürzt (»geschnäuzt«) werden. Man verwendete spezielle Dochtscheren, mit denen das Dochtende, die sogenannte Schnuppe, abgeschnitten wurde. Aus dem Begriff Schnuppe für einen glühenden Dochtrest leitete sich auch der Begriff Sternschnuppe für einen herabfallenden Meteor her. Und auch die Redewendung »Das ist mir schnuppe« deutet auf das Kerzendochtende, das wertlos und gleichgültig geworden ist.

Schriftstellern oder auch anderen Zeitgenossen, die besonders auf Licht angewiesen waren, wie zum Beispiel der Musikkritiker Eduard Hanslick, waren die Zustände aber gar nicht schnuppe. Die Kritik war groß, wie Hanslick in seiner Autobiografie *Aus meinem Leben* 1894 mit Bezug auf Johann Wolfgang von Goethe schrieb:

»Angesichts dieser technischen Wunder tastet man sich unwillkürlich zurück in die Zeit der eigenen Jugend, wo alles so ganz anders war! Nicht ohne Anstrengung können wir uns heute vergegenwärtigen,

wie mangelhaft, schwerfällig, lächerlich man sich früher behelfen musste. Während wir jetzt, dank der herrlichsten aller Erfindungen, nur an einen Knopf zu drücken brauchen, um unser Zimmer mit glänzendem Licht zu erfüllen, mussten wir vor fünfzig Jahren mittels Zündhölzchen, die einen abscheulichen Schwefelgestank verbreiteten, eine Unschlittkerze anzünden. Diese schrecklichen Übelriecher herrschten in den besten bürgerlichen Familien; nur an Gesellschaftsabenden brannten Wachs- oder Millikerzen. Ein unentbehrliches Marterinstrument, das auf jedem Tisch seine schmutzigen Scheren ausstreckte, habe ich schon als Knabe tötlich gehasst: die Lichtputze. Welche Qual, wenn sie den schneidigen Dienst versagte und an dem überhängenden schwarzen Docht hilflos herumnagte. Die Dienstmädchen halfen sich in der Regel, indem sie das Licht mit den Fingern schnäuzten und ihre rußige Beute in die Lichtputze hineinlegten. Heute sieht man dieses Instrument höchstens im historischen Museum. Und doch ist's nicht so lange her, dass Goethe schrieb: ›Wüßt' nicht, was sie Besseres erfinden könnten, als wenn die Lichter ohne Putzen brennten!‹«

Die Flamme der frühen Kerzen rußte stärker oder war unpassend groß. Bei unserem Versuch lässt sich das Problem auch erkennen: die Ölflamme brennt und rußt bei einem längeren Docht stärker. Auch der Tacochip eignet sich nur bedingt als Docht. Er zersetzt sich mit der Zeit, aber rußt doch sehr deutlich.

Heute werden Dochte in der Regel aus mit Ammoniumsalzen, Borsäure und Phosphaten imprägnierter

Baumwolle oder einem Glasfasergeflecht hergestellt, und der zum Beispiel auf dem Hofe des Preußenkönigs Friedrichs des Großen noch weit verbreitete Beruf des Lichtputzers ist heute ausgestorben.

Wie der Docht genau funktioniert, können wir uns mit zwei Mikroskopobjektträgern, einem kleinen Nagel oder einer dicken Nadel, zwei Gummibändern und einer Schale Wasser klarmachen. Wir legen einen Objektträger auf den Tisch und einen kleinen Nagel auf die linke Seite des Objektträgers. Wir legen einen zweiten Objektträger auf und binden an beiden Enden nun Gummibänder herum. Der Nagel sorgt nun also dafür, dass ein leeres Dreieck zwischen den Objektträgern frei bleibt. Stellen wir dieses Gebilde nun in eine Schale mit etwa fingerbreit tiefem Wasser, sehen wir, wie das Wasser zum zulaufenden Ende hin aufsteigt. Der Grund dafür sind Kräfte zwischen Wasser und Glasscheibe, die sich erst in feinen Wegen und Gängen, Röhren und Spalten zeigen: die Kapillarkräfte (von dem lateinischen Wort capillaris für »das Haar betreffend«).

Womit diese Kräfte zusammenhängen, betrachten wir näher, wenn wir uns mit dem Wasser befassen. Für den Moment reicht es zu wissen, dass das Phänomen der Kapillarität augenscheinlich Wasser und auch das Kerzenwachs oder das Öl durch feine Gänge und Zwischenräume in unserem Docht aufsteigen lässt. Ganz formell ist die Steighöhe einer Flüssigkeitssäule gegeben durch Oberflächenspannung, Kontaktwinkel, Dichte der Flüssigkeit, Schwerebeschleunigung der Erdanziehungskraft und dem Radius der Röhre. Für uns ist nur wichtig, dass wir den richtigen Stoff und den richtigen Docht verwenden.

Der Stoff für unsere Kerze muss nicht nur brennbar, sondern eben spätestens im Docht auch eine Flüssigkeit sein, und seine Bestandteile müssen die Eigenschaft aufweisen, im Docht aufsteigen zu können. Ein Docht wird nur, wer über den richtigen Radius an Zwischenräumen verfügt und dabei nicht zu schnell oder zu langsam selbst abbrennt. Brennt der Docht zu schnell ab und ist deshalb nur klein, bleibt auch die Flamme klein. Ist der Docht zu stabil, verbrennt er zu viel Wachs, die Brennschüssel mit flüssigem Wachsnachschub bleibt leer, die Verbrennung läuft unvollständig ab, und die Kerze rußt. Ist die Kapillarwirkung des Dochts zu gering, verbleibt zu viel Wachs unter dem Docht, und die Kerze tropft. Gar nicht so leicht – kein Wunder, dass es Jahrhunderte gedauert hat, so etwas vermeintlich Simples wie eine Kerze zu optimieren. Der perfekte Docht ist heute Hightech, mit der richtigen Anzahl an Einzelfäden, leichter Krümmung zum Abfall der Dochtspitzen durch richtige Flechtung, standhafter Brennbarkeit durch die richtige Menge an Ammoniumsalzen und einer kleinen Schmelzperle aus Borsäure und Phosphaten am Ende, die ein Nachglühen vermeidet. Außerdem ist er mit Wachs getränkt, um den ersten Start zu erleichtern.

Halten wir fest, dass wir bestimmte Stoffe benötigen, die nicht zu schnell oder zu langsam verbrennen, um eine Kerze herzustellen oder die Grillkohlen beim Date mit der Freundin kennerhaft zu entzünden. Wir haben gelernt: Eine souverän über dem Grill ausgeleerte Chipstüte kann das Grill-Date das nächste Mal retten (man sollte die Chipssorte vorher allerdings besser auf ihre Grillanzündertauglichkeit überprüft haben), und eine Kerze ohne den richtigen Docht kann uns keinesfalls schnuppe sein. In einem nächsten Schritt komplettieren wir unser Wissen über Kerzen und basteln uns ein wahrlich flammendes Thermometer.

Adiabatische Spaghetti, Champagnernebel und ein flammendes Thermometer

»Spaghetti Adiabata« und dazu Champagner. Was wie ein Gericht beim Italiener um die Ecke klingt, ist ein nicht ganz so leicht verdauliches, wenn auch wirklich »gut schmeckendes« Stück Chemie und Physik, das mit einem Phänomen in Zusammenhang steht, das auftritt, wenn wir Butangas in einem Reagenzglas entzünden.

Ganz ungefährlich ist das nicht! Das Flammthermometer ist deshalb auch der Versuch in diesem Kapitel, der eigentlich am besten in einem Labor stattfinden sollte und das Anforderungsniveau »Profi« hat. Weil er aber so außerordentlich ästhetisch und anschaulich ist und uns weit durch die Naturwissenschaft führt, muss er hier unbedingt erwähnt werden – natürlich nicht ohne nochmals ausdrücklich auf Gefahren hinzuweisen: Brennbare Gase und Flammen gehören nicht in die unkundige oder unvorsichtige Hand.

Ich rate dringend dazu, im Zweifel dieses Experiment nur begeistert zu lesen, im Internet in Videos anzuschauen oder einen Profi (zum Beispiel den Chemielehrer oder die Chemielehrerin) um die Durchführung zu bitten. Wer sich den Versuch selbst zutraut, sollte über fundierte experimentelle Fähigkeiten, gewachsene Demut gegenüber möglichen Gefahren, eine angemessen gesicherte Arbeitsumgebung (bestenfalls wie gesagt die eines Labors) und über die schützenden Augen und Hände eines Laborkollegen verfügen! Also: *»Don't do this at home, make a Pro do it!«*

Für den zweiten Teil des Versuchs, ohne das Butangas, besteht natürlich nicht die gleiche Gefahr. Wer mitüben will, kann auch dort alle notwendigen Erfahrungen für dieses Kapitel machen.

DAS FLAMMENDE THERMO-METER

74 | 75

DIE SPRINGENDE KERZEN-FLAMME

WIR BENÖTIGEN FÜR VERSUCHSTEIL 1:

ein Reagenzglas,
einen Campinggaskocher,
ein Stabfeuerzeug,
eine feuerfeste Unterlage
(z. B. ein Küchenbrett).

WIR BENÖTIGEN FÜR VERSUCHSTEIL 2:

ein Glasröhrchen,
eine Kerze,
eine Zange,
eine Packung Streichhölzer,
eine feuerfeste Unterlage
(z. B. ein Küchenbrett).

HINWEIS ZU VERSUCHSTEIL 1:

Mit Gaskartuschen muss verantwortungsvoll umgegangen werden! Das folgende Experiment nicht in der Nähe von offenen Flammen oder in geschlossenen Räumen durchführen! Das Experiment nur in professionell geprüften und ausgestatteten Laboren und im Beisein von anderen Personen durchführen.

DURCHFÜHRUNG VERSUCHSTEIL 1:

1. Wir legen alle Materialien auf einer feuerfesten Unterlage bereit.
2. Wir prüfen das Reagenzglas auf sichtbare Schäden.
3. Wir füllen etwas Butangas aus dem Campinggaskocher in das Reagenzglas. Bei den meisten einfachen Campinggaskochern gelingt dies, wenn die Brennerspitze abgedreht wird.
4. Wir halten die Brennerspitze kopfüber in das Reagenzglas und drehen die Gaszufuhr für etwa drei Sekunden auf. Hat sich etwas flüssiges Butan am Glasboden abgesetzt verschließen wir die Gaszufuhr und halten zugleich unseren Daumen auf die Reagenzglasöffnung.
5. Wir legen den geschlossenen Campinggasbrenner außer Reichweite und nehmen das Stabfeuerzeug zur Hand.
6. Wir nehmen den Daumen vom Reagenzglas und zünden das Gas an.

DURCHFÜHRUNG VERSUCHSTEIL 2:

1. Wir stellen eine Kerze auf eine schwer brennbare Unterlage und zünden sie an.
2. Wir zünden ein Streichholz an.

3. Wir pusten die Kerzenflamme aus und zünden rasch die überbleibenden Dämpfe mit dem Streichholz an.
4. Wir zünden ein weiteres Streichholz an.
5. Wir halten ein Glasröhrchen mit der Zange in den unteren Bereich der Kerzenflamme.
6. Wir halten die Streichholzflamme ans Ende des Glasröhrchens, bis eine zweite Flamme erscheint.

BEOBACHTUNGSAUFTRÄGE VERSUCHSTEIL 1:

a) Wo brennt die Flamme?
b) Wie ändert sich die Größe der Flamme, wenn wir das Reagenzglas fest in der Hand halten?
c) Wie ändert sich die Größe der Flamme, wenn das Reagenzglas nur mit zwei Fingern gehalten wird?

BEOBACHTUNGSAUFTRÄGE VERSUCHSTEIL 2:

a) Wie weit entfernt können die Kerzenwachsdämpfe noch entzündet werden?
b) Brennt die Zweitflamme am Röhrenende auch, wenn das Röhrchen an das obere Ende der Kerzenflamme gehalten wird?
c) Welche Rolle spielt die Länge des Glasröhrchens für den Ablauf der Reaktion?

Was ist in unserem flammenden Thermometer nun passiert? Zunächst fällt auf, dass sich das Butangas nicht nur als Gas zeigt. Butan ist ein gasförmiges, farbloses Alkan, ein Kohlenwasserstoff, der entfernt Ähnlichkeiten mit dem Wachs unseres Teelichtes aufweist. Die Alkane sind eine ganze Familie von Stoffen mit ähnlicher Struktur und ähnlichen Eigenschaften, beispielsweise die der Brennbarkeit. Butan besteht aus vier Kohlenstoffatomen, die wie eine Perlenkette miteinander verbunden sind. Jedes Kohlenstoffatom hat nicht nur einen Kohlenstoffnachbarn, sondern auch zwei (am Ende der Kette auch drei) Wasserstoffatome, die wie zusätzliches Schmuckwerk an dem Kollier hängen.

Das Butan ist mit einer Kettenlänge von vier Kohlenstoffatomen ein eher kleiner Vertreter seiner Familie. Stellen wir uns viele kurze Ketten vor, wie in einem Teller Spaghetti, die kindgerecht zerschnitten wurden. Zwischen diesen kurzen Ketten wirken geringere Anziehungskräfte (die sogenannten Van-der-Waals-Kräfte) als zwischen langen Spaghetti beziehungsweise Alkanen. Das Butan hat daher einen Schmelzpunkt, der unter Normaldruck bereits bei –138 Grad Celsius liegt, und einen Siedepunkt, der bei –0,5 Grad Celsius liegt. Bei Raumtemperatur würde es verdampfen, doch praktischerweise lässt es sich leicht durch Kühlung oder durch einen höheren Druck verflüssigen, was in der Gaskartusche gemacht wurde.

Wer sich die Mühe macht und sich eine möglichst große Einmalspritze in der Apotheke besorgt, kann den Aggregatwechsel selbst herbeiführen. Die Düse der Spritze muss nur ausreichend verschlossen, am besten mit einem Feuerzeug verschmolzen werden. Nun können Sie etwas Butangas in den Zylinder füllen. Wird der Kolben eingeschoben, verflüssigt sich das Butangas. Erwärmt sich das Butangas oder lässt der Druck nach, wird es wieder vermehrt gasförmig, dehnt sich dabei aus und schiebt den Kolben wieder nach oben. Dabei kühlt das Gas ab.

Wir sehen recht deutlich beim Einfüllen des Butangases in das Reagenzglas, wie Nebel aufsteigt und wie sich Wassertröpfchen an der Reagenzglaswand absetzen. Die Spaghettifetzen verband eine leichte Kraft, die aufgebracht werden muss, um sie nun zu trennen. Dafür ist genug Energie in der Umgebung vorhanden. Allerdings fehlt sie dann dort, was sich in der Minderung der Temperatur bemerkbar macht. Der Physiker spricht hier auch von der adiabatischen Expansion eines Gases. Schauen wir uns Schritt für Schritt an, was das bedeutet. Wenn sich das Gas ausdehnt, wird eine Arbeit verrichtet. Da die Expansion beim Öffnen der Gaszufuhr schnell erfolgt, kann die Energie für diese Arbeit nur aus der Umgebung aufgenommen werden (adiabatisch = ohne Wärmezufuhr). Die kühlere Umgebungstemperatur führt dann zu Nebeln und Kondenströpfchen. Übrigens ein Effekt, den viele auch vom Öffnen der Bier- oder Champagnerflasche her kennen.

Wissenschaftler der Universität Reims fanden heraus, dass Korken, die aus einer sechs Grad kalten Champagnerflasche flogen, einen weißgrauen Nebel aus Wasser, Luft und Kohlenstoffdioxid erzeugten. Die geringe Umgebungstemperatur, die durch die adiabatische Expansion noch weiter herunterkühlt, sogar teilweise auf bis zu –78 Grad Celsius, ließ Wassertröpfchen zu kleinen Eiskristallen gefrieren, die das Licht weißgrau streuten. Champagnerflaschen mit einer Temperatur von 20 Grad Celsius zeigten einen blauen Dunst. Die Flasche hatte bei höherer Temperatur einen höheren Druck von 7,5 bar gegenüber den 4,5 bar der kalten Flasche. Mehr Druck beim Öffnen, mehr Expansion des Gases, also mehr adiabatische Expansion und weniger Temperatur. Im Moment des Korkenknalls ließen die –90 Grad Celsius nicht nur Wasser, sondern auch Kohlenstoffdioxid zu einem feinen, blau streuenden Nebel gefrieren. Flaschen mit Temperaturen zwischen diesen Grenzwerten zeigten beide Phänomene, mal gefror mehr Wasser, mal mehr Kohlenstoffdioxid. Aber Vorsicht, auch dieses Phänomen ist nicht ganz ungefährlich in seiner Beobachtung! Wenn die Flasche falsch gehalten wird, kann der Versuch böse ins Auge gehen, und was mit dem ganzen Champagner am Ende passiert, muss auch vorab geklärt werden!

Zurück zum Butangas. Beim adiabatischen Befüllen des Reagenzglases setzt sich also flüssiges Butan am Reagenzglasboden ab. Über dieser flüssigen Phase steht gasförmiges Butan, was am aufgelegten Daumen durch ein Druckgefühl spürbar wird. Der Dampfdruck des Gases, also ein Gleichgewicht zwischen den flüssigen und gasförmigen Butangasteilchen im Reagenzglas, ist merklich zu spüren, sobald das Butan nur etwas wärmer wird. Den Daumen auf dem Glas zu halten ist gar nicht so einfach. Wenn der Druck zu stark wird, schadet es auch nicht, den Daumen kurz anzuheben.

Das entzündete Butan brennt mit hellgelber Flamme. Doch wo genau brennt es? Es brennt *auf* dem Reagenzglas und nicht *im* Reagenzglas. Das liegt daran, dass im Glas stetig neues Butan aufsteigt. Die Temperatur entspricht der Umgebungstemperatur, sodass das adiabatisch heruntergekühlte Flüssiggas nun zunehmend verdampft. Wir erinnern uns: Es ist genug Energie in der Umgebung, um die kleinen Spaghettinudeln voneinander zu trennen und als Gas aufsteigen zu lassen. Wir erinnern uns außerdem an die Reaktion zwischen Sauerstoff mit Kohlenstoff oder Wasserstoff in der Kerze. Auch Butan besteht aus diesen beiden Elementen. Wird die »Tanzfläche« nur mit Kohlenstoff und Wasserstoff aus dem Butan belagert, verläuft die Reaktion auch nicht. Erst wenn Sauerstoff dazukommt, steigt die Party.

An der Grenzfläche des Reagenzglases treffen sich nun Sauerstoff und Kohlenwasserstoffe, und die Reaktion kann stattfinden. Ebenso haben wir im zweiten Versuchsteil die Reaktion am Wachsdampf der verlöschenden Kerze gesehen oder beim Abzweigen der Reaktionsedukte durch das Glasröhrchen. Feuer zeigte sich immer nur dort, wo die Reaktionspartner aufeinandertrafen. Wird die Tanzfläche also ausreichend mit Butangas versorgt, kann die Reaktion sich verstärken. Die Wärme unserer Hände lässt mehr Butan verdampfen – und die Flamme wird größer. Letztlich haben wir damit ein einfaches Thermometer gebaut, das bei höheren Temperaturen stärker brennt und bei niedrigeren Temperaturen weniger. Ein Eiswürfelbad für das Thermometer kann dies verdeutlichen. Wichtiger sind hier aber zwei Erkenntnisse:

1. Ein Stoff brennt nicht durchgehend, sondern dort, wo die Reaktion stattfinden kann.
2. Die Stärke der Verbrennung wird von der Menge der Reaktionspartner bestimmt.

Bei Kerzen und Lampen wird üblicherweise kein Butangas verwendet. Brennende Flüssigkeiten aus leicht flüchtigen Stoffen wie Alkohol oder Paraffin-Flüssiggrillanzünder sind so unberechenbar, dass man als Lampe und auch am Grill besser darauf verzichtet. Gele, wie sie zum Beispiel auch in Wärmeöfen für Speisen bei Büfetts verwendet werden, sind besser kontrollierbar. Ein Tropfen eines Desinfektionsmittelgels brennt, wie wir gesehen haben, auch eine Weile auf der Fingerspitze. Den Unterschied macht hierbei die Länge der Spaghetti. In den Gelen sind die Spaghetti im Vergleich zu flüssigen Grillanzündern meist schon länger. Feste Wachse haben meist Kettenlängen mit 14 bis 30 Kohlenstoffatomen. Das Knäuel aus langen Nudeln hält so fest zusammen, dass die Wachse erst einmal entknotet werden müssen. An dieser Stelle werden auch noch einmal die Vorzüge des Dochts deutlich. Er verteilt weniger flüchtige Flüssigkeiten oder geschmolzene Feststoffe und bringt sie in Kontakt mit ihrem Reaktionspartner.

Damit haben wir schon viel über das Wesen des Feuers gelernt. Fassen wir im letzten Versuch zusammen, wann es brennt und wann nicht.

Riesenspinnen, Grubenexplosionen und Zucker mit Zigarette

In den bisherigen Versuchen haben wir schon viele notwendige Voraussetzungen für ein gelingendes Feuer entdeckt. Wir fassen das Erlebte nun in einer Reihe von Experimenten und noch einmal mit den Worten eines Chemikers zusammen: Feuer entsteht zwischen zwei oder mehreren chemischen Stoffen. Bei der chemischen Reaktion werden Partner getauscht, Partnerschaften gelöst oder neue Partnerschaften eingegangen. Beim Feuer einer Kerze sind die Partner auf der einen Seite der Wasserstoff und der Kohlenstoff des Paraffins und auf der anderen Seite der Sauerstoff der umgebenden Luft.

Wie die Reaktion verläuft, ob sie kurz und heftig oder langsam und zögerlich ist oder gar nicht abläuft, hängt von vier Faktoren ab, die wir in folgender Versuchsreihe genauer beobachten wollen:

1. Temperatur,
2. Konzentration,
3. Zerteilungsgrad,
4. Katalysatoren.

TEMPERATUR LÖST EIN FEUER AUS

KOHLENSTOFFDIOXID LÖST EIN FEUER AUS

DAS ORANGENSCHALEN-FEUERWERK

KATALYSEWIRKUNG VON ASCHE BEI DER ZUCKER-VERBRENNUNG

WIR BENÖTIGEN DAZU:

eine Packung Teelichte,
eine Untertasse,
eine PET-Flasche (0,5 l),
ein Teppichmesser,
ein Lineal (30 cm),
einen Filzstift,
einen Nagel,
eine Zange,
eine Packung Holzspieße,
eine Packung Eiswürfel,
eine kleine Schale,
eine Packung Kochsalz,
eine große Glasschüssel,
eine Packung Haushaltsnatron,
eine Flasche Essig,
eine Stabkerze,
eine Orange,
ein Küchenmesser,
eine Tüte Mehl,
einen Esslöffel,
eine Pipette,
eine Packung Eisenwolle,
ein Thermometer,
eine große Metallschale oder
ein Holzbrett,
einen Eisennagel,
eine Packung Zuckerwürfel,
eine Handvoll Zigaretten-,
Kamin- oder Grillkohlenasche,
eine feuerfeste Unterlage
(z. B. ein Küchenbrett).

DURCHFÜHRUNG ZUM VERSUCHSTEIL 1: TEMPERATUR LÖST EIN FEUER AUS

1. Wir stellen eine Untertasse auf eine feuerfeste Unterlage.
2. Wir legen ein Teelicht auf die Untertasse und zünden es an.
3. Wir schneiden mit dem Teppichmesser den Boden einer PET-Flasche ab.
4. Wir messen 5, 10, 15 und 20 cm vom unteren Ende der PET Flasche ab und markieren die Längen mit einem Punkt. Auf die jeweils dem Punkt gegenüberliegende Seite machen wir auf gleicher Höhe noch einen Punkt.
5. Wir nehmen den Nagel mit der Zange und erhitzen seine Spitze in der Teelichtflamme.
6. Wir brennen mit dem heißen Nagel Löcher in die vorher gesetzten acht Markierungen in der Flasche.
7. Wir stellen die PET-Flasche auf das brennende Teelicht. Wir haben ein einfaches Stativ gebaut. Durch die untersten Löcher (5 cm) stecken wir einen Holzspieß und stoppen die Zeit, bis er Feuer fängt.
8. Wenn der Holzspieß durch die Teelichtflamme Feuer gefangen hat, ziehen wir den Spieß rasch aus der Flasche.
9. Wir wiederholen den Ablauf mit allen weiteren Höhen (10, 15, 20).

1. Wir stellen eine Untertasse auf eine feuerfeste Unterlage.
2. Wir stellen ein Teelicht auf die Untertasse und zünden es an.

3. Wir warten, bis das Wachs vollkommen geschmolzen ist.
4. Wir legen währenddessen etwa zehn Eiswürfel in eine Schale und geben zwei Löffel Salz hinzu.
5. Wir stellen das brennende Teelicht nun vorsichtig mithilfe der Zange auf die Salz-Eis-Kältemischung und beobachten die Flamme.
6. Wir messen die Zeit, bis die Teelichtflamme erlischt.

DURCHFÜHRUNG ZUM VERSUCHSTEIL 2: KONZENTRATION: KOHLENSTOFFDIOXID LÖST EIN FEUER AUS

1. Wir stellen eine Untertasse auf eine feuerfeste Unterlage.
2. Wir stellen ein Teelicht auf die Untertasse, daneben stapeln wir zwei Teelichte übereinander, daneben drei Teelichte und daneben vier Teelichte.
3. Wir zünden die jeweils obersten Teelichte an.
4. Wir stellen eine große Glasschüssel über die Teelichte und beobachten, wie lange die Teelichte brennen.
5. Wir stellen die große Glasschüssel auf eine feuerfeste Unterlage.
6. Wir stellen ein Teelicht in die Glasschüssel, daneben stapeln wir zwei Teelichte übereinander, daneben drei Teelichte und daneben vier Teelichte.
7. Wir zünden die jeweils obersten Teelichte an.
8. Wir geben zwei Beutel Haushaltsnatron oder Backpulver um die Kerzen herum.
9. Wir geben Essig oder Essigessenz gleichmäßig auf das Natron.

DURCHFÜHRUNG ZUM VERSUCHSTEIL 3: ZERTEILUNGSGRAD: DAS ORANGEN-SCHALENFEUERWERK

1. Wir stellen eine Untertasse auf eine feuerfeste Unterlage.
2. Wir stellen eine Stabkerze auf die Untertasse und zünden sie an.
3. Wir schälen eine Orange mit einem Messer. Wir schneiden dazu fünfmal vom oberen Ende der Orange an das untere Ende und entfernen die Schalenfünftel vorsichtig.
4. Wir rollen ein Schalenfünftel zu einer Schnecke und fassen es zwischen beiden Daumen und Zeigefinger.
5. Wir pressen nun mit den Daumen auf die Schalenschnecke, sodass Flüssigkeit aus der Schale in die Kerzenflamme spritzen kann.
6. Wir nehmen einen Löffel Mehl und halten ihn in die Kerzenflamme.
7. Wir nehmen mit einer Pipette ein wenig Mehl auf.
8. Wir halten die Pipette schräg über die Kerzenflamme und pusten den Mehlstaub in die Kerzenflamme.

1. Wir stellen eine Untertasse auf eine feuerfeste Unterlage.
2. Wir stellen eine Stabkerze auf die Untertasse und zünden sie an.
3. Wir stellen eine große Metallschale oder ein großes Holzbrett daneben.
4. Wir nehmen ein Stück Eisenwolle mit der Zange und halten sie in die Kerzenflamme.

5. Wir halten die Eisenwolle, bis sie ausgeglüht ist, über dem Holzbrett, um herabfallende Funken aufzufangen.
6. Wir halten einen Eisennagel mit der Zange in die Kerzenflamme und vergleichen die Reaktion mit der ersten Reaktion.

DURCHFÜHRUNG ZUM VERSUCHSTEIL 4: KATALYSE: WIRKUNG VON ASCHE BEI DER ZUCKERVERBRENNUNG

1. Wir stellen eine Untertasse auf eine feuerfeste Unterlage.
2. Wir stellen ein Teelicht auf die Untertasse und zünden es an.
3. Wir nehmen ein Stück Würfelzucker mit der Zange und halten es in die Flamme.
4. Wir nehmen ein zweites Stück Würfelzucker und reiben es von allen Seiten mit Zigaretten-, Kamin- oder Grillkohlenasche ein.
5. Wir halten das mit Asche versetzte Stück Würfelzucker in die Teelichtflamme.

BEOBACHTUNGSAUFTRÄGE ZU VERSUCHSTEIL 1:

a) Bei welchem Abstand über dem Teelicht beginnt ein Holzstab zu brennen?
b) Wie lange dauert es, bis die Flamme des gekühlten Teelichtes ausgeht? Welche Temperatur hat das Wachs?

BEOBACHTUNGSAUFTRÄGE ZU VERSUCHSTEIL 2:

a) Welches Teelicht geht unter der Glaskuppel zuerst aus, welches zuletzt?

b) Lassen sich mit dem Natron-Essig-Löscher mehrere Teelichte löschen? Was passiert, wenn die Teelichte unterschiedlich hoch stehen?

BEOBACHTUNGSAUFTRÄGE ZU VERSUCHSTEIL 3:

a) Lassen sich auch mit anderen Zitrusfrüchten Feuerbälle erzeugen?

b) Warum brennt das Mehl im Löffel kaum?

c) Ist die Eisenwolle nach dem Verbrennen leichter oder schwerer?

BEOBACHTUNGSAUFTRAG ZU VERSUCHSTEIL 4:

a) Welche Reaktionsprodukte sind bei der Verbrennung des Zuckers erkennbar?

Die Begriffe Temperatur, Konzentration, Zerteilungsgrad und Katalyse sind nicht unbedingt durch die Bank alltagsgebräuchlich. Ist die Temperatur noch eindeutig und der Katalysator vielleicht aus dem Auto bekannt, lässt die Konzentration beim Wort Konzentration schon ein wenig nach. Und wie steht es mit dem Zerteilungsgrad? All diese Dinge spielen eine Rolle beim hier schon oft erwähnten Partnertausch zwischen Atomen. Sie geben vor beziehungsweise haben Einfluss darauf, wie schnell eine Reaktion abläuft, und damit oft auch, wie heftig und unkontrolliert es »funkt«.

Temperatur – Atome in Action

Ohne Aktivierungsenergie, haben wir bereits gelernt, kommt der Partnertausch erst gar nicht in Gang. Man trifft sich zwar, aber ohne die ausreichende Energie von außen kommt es zu keiner Neuorientierung. Das Holzstäbchen im Versuch brannte in der Hitze der Kerzenflamme. Das Stäbchen brannte aber auch ohne dass es die Flamme berührte. Selbst in einigem Abstand sorgen die hohen Temperaturen für die Aktivierung der Reaktion. Das Phänomen ist uns eigentlich nur allzu bekannt. Als Kind haben wir uns bestimmt alle schon mal die Finger verbrannt, wenn wir sie über eine Kerzenflamme oder ein Lagerfeuer hielten. Meistens endete die Geschichte nur mit einem Schreck, schlimmstenfalls aber mit einer schmerzenden Brandblase. Wie kann die heiße Luft die Haut unseres Fingers so sehr schädigen? Die Antwort liegt wieder einmal im Mikrokosmos.

Temperatur drückt aus, wie stark sich die Atome bewegen. Nehmen wir mal den absoluten Nullpunkt der Temperaturskala an. Das wären –273,15 Grad Celsius oder 0 Kelvin. Die Temperaturskala des Herrn Celsius orientierte sich am Gefrierpunkt von Wasser. Es geht aber noch weiter bergab mit der Bewegung der Atome und ähnlicher Teilchen. Bei 0 Kelvin bewegt sich wirklich gar nichts mehr. Selbst in den kältesten Bereichen unseres Universums ist immer noch Bewegung. Den absoluten Stillstand konnten Wissenschaftler bislang nur näherungsweise erreichen. Es gelang ihnen, Atome mithilfe von Lasern bis auf wenige Milliardstel Kelvin abzukühlen. Eigentlich versuchen sie sie einzufangen, was einfacher klingt, als es in einer fluktuierenden Quantenwelt ist.

Über unserer Kerzenflamme ist auf jeden Fall deutlich mehr Bewegung. Die Luftteilchen, also Sauerstoff und vieles weitere, was in der Luft umherfliegt, bewegen sich chaotisch hin und her. Stellen wir uns vor, wie die volle Tanzfläche hüpft, tanzt und springt, wie auf einem Punkrock-Konzert. Verzweifelte Pärchen kollidieren mit anrempelnden Radikalen und Atomen. Je höher die Temperatur, desto schlimmer das Gestoße und Geschubse. Das führt zum einen dazu, dass die Durchmischung verbessert wird, und zum anderen, dass die Energie zur Verbindung miteinander erreicht wird. Auch wenn damit eine Grundvoraussetzung für Feuer erfüllt ist, kommen wir hier an die Grenzen unseres Tanzflächenmodells. Partnerschaften werden erst eingegangen, wenn der künftige Partner einen besonders stark angerempelt hat? Das würde ich lieber nicht versuchen. Aber Tatsache ist: Reicht die Temperatur nicht aus, kommt es zu weniger Kollisionen und Reaktionen. Die Flamme des Teelichts erlischt in Gegenwart der Eiswürfel. Die beim Partnertausch frei werdenden Energien können die Tanzfläche nur noch bedingt in Bewegung halten, und so stellt sich Ruhe ein. Schon ein Drahtnetz oder eine Spirale aus Kupferdraht können ausreichen, um damit genug Energie von der Kerzenflamme zu entfernen und sie damit zu löschen. Bei metallischen Kerzenlöschern für den Weihnachtsbaum macht man sich die gute Wärmeleitfähigkeit der

Metalle zunutze, die die Reaktionen am Weihnachtsbaum zum Erliegen bringt. Das ist dann auch einfacher, als mit einer Packung Eiswürfel von Kerze zu Kerze am Heiligabend zu gehen.

Konzentration – Angebot und Nachfrage

Mit der Konzentration ist nicht etwa die Aufmerksamkeit der Tanzpartner gemeint, dem anderen nicht aus Versehen auf die Füße zu treten. Der Chemiker meint damit das Angebot beziehungsweise die Angebotsdichte an Stoffen. Fehlt einer der künftigen Partner, stoppt die Reaktion, wie wir ja schon bemerkten, als wir ein Glas über die Kerze stülpten. Kerzenlöscher für den Weihnachtsbaum arbeiten nach dem gleichen Prinzip. Eine Glocke unterbindet die weitere Versorgung mit Sauerstoff und bringt die Reaktion zum Erliegen. Darüber hinaus ist der Kerzenlöscher auch aus Metall, das die Wärme der Kerzenflamme, also die Temperatur der Reaktion ableitet. In unserem Versuchsablauf mit verschiedenen Teelichttürmen passierte Ähnliches, wenn auch etwas unerwartet. Zu erwarten wäre in jedem Fall, dass die Teelichte unter der Glasschale langsam ausgehen und schließlich vollkommen erlöschen. Doch welches Teelicht geht zuerst aus? Gehen alle gleichzeitig aus? Nein. Es ist das oberste Teelicht, das zuerst erlischt. Das unterste Teelicht geht zuletzt aus.

Vor der Aufklärung machen wir einen kurzen Sprung zum zweiten Teil dieses Versuchs. Eine Mischung aus Haushaltsnatron und Essig löscht eine Kerze ebenso, wobei es nicht die Mischung selber ist, sondern ein unsichtbares, aus Natron und Essig entstandenes Gas. Dieses Gas scheint sich also wie eine Flüssigkeit zu verhalten, die um die Kerzen fließt. Es ist schwerer als Luft, sonst würde es sich nicht in der Glasschüssel sammeln. Liegt die Schüssel unten statt oben, geht zuerst die unterste Flamme aus, dann die weiter oben liegenden. Ein Blick auf die Herstellerangaben kann uns weiterhelfen. Haushaltsnatron besteht aus einem Stoff, den der Chemiker Natriumhydrogencarbonat nennt. Natriumhydrogencarbonat ist eine Verbindung von Kohlenstoffatomen, Wasserstoffatomen, Sauerstoffatomen und Natriumatomen. Es sieht als Formel ($NaHCO_3$) einer weltbekannten anderen Formel ähnlich: dem CO_2 oder Kohlenstoffdioxid, das wir bereits als Produkt von vielen Verbrennungen kennen. Das sprudelnde Erlebnis im Natron-Essiggemisch sieht darüber hinaus ein wenig aus wie Mineralwasser. Und tatsächlich entsteht bei der Reaktion von Essigsäure mit Natriumhydrogencarbonat die aus dem Mineralwasser vertraute Kohlensäure. Die zerfällt in kleine Gasbläschen aus Kohlenstoffdioxid. Die Gasblasen steigen auf, und das Kohlenstoffdioxid wird freigesetzt; in unserer Glasschüssel ein wenig mehr als im handelsüblichen Mineralwasser.

In einer Reaktionsgleichung sieht das in etwa so aus. Auf die Formeln für Essigsäure und sein Salz, das Acetat, verzichten wir aus Übersichtsgründen.

$$NaHCO_3 + \text{Essigsäure} \longrightarrow \text{Natriumacetat} + H_2O + CO_2$$

Das Kohlenstoffdioxid reagiert nicht mit den Wachsmolekülen. Die Reaktion wird langsamer, je mehr Kohlenstoffdioxid und je weniger Sauerstoff um die Kerzenflamme herum vorhanden sind. Am Ende stoppt die Reaktion. Der Vergleich zwischen einem Glas mit Luft und einem Glas mit Atemluft aus einem Luftballon zeigt das gleiche Ergebnis. Auch wir atmen Kohlenstoffdioxid aus, das die Verbrennung nicht unterhält. Umgekehrt lassen sich erstaunliche Experimente durchführen, wenn man die Konzentration von Sauerstoff bei der Reaktion erhöht. Eine Zigarre brennt in einer reinen Sauerstoffatmosphäre in wenigen Minuten ab, eine Zigarette fast schlagartig. Ein kleines Stück glimmende Kohle wird in einem Glaszylinder mit reinem Sauerstoff zu einem hell leuchtenden Glühwürmchen. Eine Tabakindustrie hätte sich so wohl nicht durchgesetzt, wenn unsere Atmosphäre statt der 20,95 Volumenprozent (Vol. %) aus 100 Prozent Sauerstoff bestände.

Schon eine leichte Veränderung des Sauerstoffanteils der Atmosphäre bringt große Veränderungen mit sich. Im Erdzeitalter Karbon war die Luft besser als heute, wenn man so will. Statt der erwähnten knapp 21 Prozent Sauerstoff heute enthielt die Atmosphäre damals etwa 35 Prozent Sauerstoff. In verschiedenen Perioden der Erdentwicklung traten immer wieder Phasen mit höheren und niedrigeren Sauerstoffwerten in unserer Luft auf. Forscher wie der 2015 verstorbene Robert Berner von der Yale University oder Robert Dudley von der University of Texas sahen Zusammenhänge mit dem Auftreten von Gigantismus in der Biologie, der durch den höheren Sauerstoffgehalt gefördert wurde. In Phasen hoher Sauerstoffkonzentration lebten auf der Erde Libellen mit einer Flügelspannweite von 70 Zentimetern, Tausendfüßler mit einer Länge von einem Meter und Spinnen mit armlangen Beinen. Die sauerstoffhaltige Luft bekam ihnen augenscheinlich gut, auch die Pflanzenvegetation erblühte mit dem Hang zu Superlativen. Im Labor konnten die Forscher in erhöhter Sauerstoffkonzentration Fruchtfliegen beobachten, die schon in der 15. Generation rund 15 Prozent schwerer waren als ihre Vorfahren aus (sauerstoff)ärmeren Verhältnissen. Auch die Betriebsamkeit nahm bei verschiedenen Insekten unter Sauerstoffeinfluss zu. Forscher vermuten, dass das Fliegen selbst (bei Insekten und auch bei Vögeln) von den hohen Sauerstoffwerten in Karbon und Kreidezeit beeinflusst wurde. Umgekehrt wird der Sauerstoff auch als ein wesentlicher Faktor für das Altern angesehen, denn auch mit unseren Körperzellen geht er Reaktionen ein. Eine hohe Konzentration bedeutet auch mehr von den unerwünschten Reaktionen. Der Sauerstoffgehalt der Atmosphäre hat somit einen direkten Einfluss auf die Evolution.

Zurück zu den unterschiedlich verlöschenden Teelichten, bei denen wir nun annehmen können, dass sie auch hier aufgrund der geringer werdenden Konzentration an Sauerstoff und steigenden Konzentration an Kohlenstoffdioxid ausgegangen sind. Das Kohlenstoffdioxid aus dem Natron lagert sich dabei zuerst unten ab und löscht die Flammen von unten nach oben. Ohne Natron-Essig-Gemisch ist aber nicht die unterste Flamme zuerst ausgegangen, sondern die oberste Flamme. Das Kohlenstoffdioxid ist im Gegensatz zum Natron-Essig-Mix in einer Reaktion entstanden, die starker Wärme ausgesetzt war. Es ist also erwärmt und steigt daher wie ein Heißluftballon auf, bis es abkühlt und auf den Boden absinkt. Es kann sogar dazu kommen, dass die oberste Flamme ausgeht und dann die unterste, weil ein Kohlenstoffdioxidstrom von oben nach unten absinkt und sich dort sammelt.

Im Brandfall ist es also keinesfalls oben oder unten sicherer. Der Raum sollte schleunigst verlassen werden, solange die Konzentration an Kohlenstoffdioxid noch gering ist. Da Kohlenstoffdioxid und sein Bruder, das Kohlenstoffmonoxid, für uns nicht riechbar sind und sich mit steigender Konzentration der Gase im Blut Müdigkeit und Benommenheit einstellen, sind sie immer wieder Grund für lebensgefährliche Vergiftungen und Todesfälle. Ein Pärchen aus Bottrop hat fehlendes Wissen darüber vor Kurzem mit dem Leben bezahlen müssen. Für ein Schäferstündchen im kalten Februar zogen die beiden sich in ihr Auto zurück, das in der Garage geparkt war. Mit steigendem Temperament und weniger Kleidung am Körper wurde es beiden doch zu kalt, sodass sie den Motor des Autos und die Heizung im Auto anmachten. Die Polizei fand die unbekleideten Leichen wenige Tage später. Das bei der Verbrennung entstehende Kohlenstoffdioxid und Kohlenstoffmonooxid hatte sie umgebracht. Also: Geschlossene Räume, in denen diese Gase entstehen, sind zügig zu verlassen. Etwa 400 Brandtote sind jedes Jahr in Deutschland zu beklagen, 95 Prozent davon fallen den Brandgasen zum Opfer und nicht etwa den Flammen. Rund 70 Prozent der Opfer werden nachts im Schlaf von einem Brand überrascht und nicht etwa durch Rauch oder Wärme geweckt, sondern bestenfalls vom Rauchmelder. Statistiken zeigen, dass Rauchmelder für einen Rückgang der Brandopfer um bis zu 50 Prozent sorgen.

Zügig lüften stellt sich mit unserem Wissen auch als klare Fehlentscheidung heraus: Die Konzentration an Sauerstoff wird damit nur erhöht und das Feuer weiter angefacht. Also vorsorgen und im Brandfall nicht den Helden spielen!

Zerteilungsgrad – Oberflächlichkeit entscheidet

Einen Löffel mit Öl können wir unter normalen Bedingungen nicht entzünden. Ein Docht kann das Öl verteilen und an die Grenzfläche zum Reaktionspartner transportieren. Er macht es damit brennbar. Unsere Versuche mit der spritzenden Orangenschale, dem Mehl und dem Eisen zeigen es. Feine Verteilung sorgt für eine raschere und heftiger ablaufende Reaktion. Der Zerteilungsgrad drückt aus, wie fein ein Stoff verteilt ist, ob er dicht aneinanderliegt und damit eine relativ kleine Oberfläche hat, oder fein verteilt vorliegt und die einzelnen Oberflächen damit in der Summe eine viel größere Oberfläche zur Reaktion abgeben. Denken wir hier wieder an die Tanzfläche, auf der der Partnertausch natürlich viel besser verlauft, wenn sich die Herren nicht gerade alle in einer Ecke versammeln. Weiter hinten stehende Personen haben so weniger Chance sich zu treffen, als wenn die Tanzpartner gut durchmischt sind. Dann besteht übrigens geradezu Explosionsgefahr!

Mit dem Zerteilungsgrad wird also die Oberfläche des Stoffes größer, und die Wahrscheinlichkeit einer Begegnung mit einem Reaktionspartner nimmt zu. Stoffe mit hohem Zerteilungsgrad, also großer reaktiver Oberfläche, reagieren schneller und heftiger als Stoffe mit geringem Zerteilungsgrad. Die Aktivierungsenergie für jede Reaktion ist von der Größe der reagierenden Teilchen unabhängig. Aber je größer die Grenzfläche eines Stoffes ist, desto mehr Reaktionen sind möglich. Die Geschwindigkeit, in der zwei Stoffe miteinander reagieren, nimmt dadurch deutlich zu.

Unser Eisennagel ist dafür der beste Beleg. Die Wärmeleitfähigkeit des Metalls ist bekanntermaßen sehr gut. In Nagelform erhitzen wir mit der Teelichtflamme nur das Metall. Mit der Zeit ist die Wärme auch spürbar im hinteren Teil des Nagels verteilt. Ist das Metall jedoch schon etwas feiner verteilt, wie in der Eisenwolle, reicht die Aktivierungsenergie viel früher aus, um die Reaktion zwischen Eisen und Sauerstoff in Gang zu bringen. Feines Eisenpulver würde sogar noch schneller reagieren als die Eisenwolle. Große Metallstücke benötigen dagegen eine hohe Aktivierungsenergie, um die Reaktion mit dem Luftsauerstoff starten zu lassen. Andererseits: Ist ein großer Metallträger erst einmal in Brand, wird es für die Feuerwehr gefährlich. Die frei werdenden Energien und damit verbundenen Temperaturen sind so hoch, dass Wasser dabei zersetzt und mit dem Metall unter Freisetzung brennbarer Gase reagieren würde. Einen Metallbrand mit Wasser löschen zu wollen ist also keine gute Idee.

In der Orangenschale sind es ätherische Öle, die zum einen gut brennbar sind und zum anderen durch unser Auspressen fein verteilt mit Sauerstoff ein verpuffendes Minifeuerwerk bilden. Bei Mehl ist es ähnlich, hier findet eine kleine Staubexplosion statt. Kontrolliert nutzen Pyrotechniker, Feuerspucker und Zauberer diesen Effekt. Sie verwenden die Sporen des Bärlapps, Lycopodium clavatum, ein feines, mit Ölen versetztes Mehl, das in einem imposanten Feuerball verbrennt, wenn man es in eine Flamme pustet. Das Hexenmehl war schon im Mittelalter ein beliebtes Mittel, um das einfache Volk zu beeindrucken.

Unkontrolliert kann derselbe Effekt allerdings auch für Katastrophen verantwortlich sein. Am 6. Februar 1979 erschütterte eine gewaltige Mehlstaubexplosion die Bremer Rolandmühle, es war eine der weltweit stärksten Explosionen, zu der das Militär nicht beteiligt war. Ein Kabelbrand in der Probenkammer hatte eine erste Explosion ausgelöst aus, durch die weiteres Mehl aufgewirbelt wurde, was wiederum zu weiteren Explosionen führte – eine fatale Kettenreaktion. Die immense Druckwelle riss die Dächer von den Mehlspeichern, ganze Gebäude brachen zusammen, und im Umkreis von drei Kilometern regnete es Mehl. Ganze sechs Tage dauerten die Löscharbeiten der Feuerwehr, bevor ein Sachschaden von über 100 Millionen Euro festgestellt werden konnte. Viel schlimmer noch, ein unscheinbares verschmortes Kabel und die Unmengen von Mehl wurden zu einer tödlichen Falle: 14 Menschen starben bei dem Unglück, 17 wurden teilweise schwer verletzt.

Unterschreitet ein Staub die Partikelgröße 0,5 Millimeter, ist er explosionsfähig. Feine Verteilung und große Oberfläche, also kleine Partikelgröße, machen auch aus Holz, Kakao, Kaffee, Futtermittel und Metallstäuben eine Gefahrenquelle, der Firmen mit Sauberkeit, Kontrollen und Warnhinweisen begegnen. Schlagwetter, »wildes Feuer oder feurige Schwaden« (Wikipedia), ausgelöst durch ein Gasgemisch aus Methan und Sauerstoff oder Kohlestaubexplosionen sind im Steinkohlebergbau gefürchtet. Die Bergleute haben sich schon früh gewitzte Lösungen einfallen lassen, um die fortschreitenden Staubexplosionen einzudämmen. Grober Gesteinsstaub auf höheren Bühnen sollte im Explosionsfall aufgewirbelt, aber nicht gezündet werden, um der Explosionswolke die Energie zur Reaktion zu entziehen. Wassersperren aus Wassertrögen funktionierten ähnlich. Sie wurden bei Explosionen zerstört und kühlten das Explosionsgemisch schnell ab.

Selbst Hausstaub kann im Brandfall bei der richtigen Konzentration eine Staubexplosion auslösen. Im Haushalt lauert aber eine noch größere Gefahr, den Zerteilungsgrad zu unterschätzen: die Fettexplosion. In einer Pfanne achtlos erhitztes Speisefett oder Öl kann seinen Brennpunkt erreichen und anfangen, Flammen zu schlagen. Intuitiv liegt die Reaktion nahe, den bis dahin noch recht kontrollierten Küchenbrand mit Wasser zu löschen. Das mehrere Hundert Grad heiße Öl bringt das Wasser direkt zum Verdampfen. Mit der Dampfwolke steigen auch feine Öltropfen auf, die nun in einem fein verteilten, heißen Gemisch in der Nähe einer offenen Flamme vorliegen. Es kann sogar vorkommen, dass ein noch nicht brennendes Öl oder Fett, das kurz vor seinem Flammpunkt steht, durch die feine Verteilung in der Luft zündet. Bei einer solchen Fettexplosion nimmt eine pilzförmige Feuersäule innerhalb von Sekundenbruchteilen die Küchenzeile fast vollständig ein. Die Überlebenschancen hängen dann meist nur noch an einer einzigen Frage: Atmet man gerade ein oder aus? Beim Ausatmen bleiben meist stärkste Verbrennungen. Atmet man die Feuerwolke ein, ist fast nichts mehr zu retten.

Wir merken uns also: Fettbrände löschen wir, indem wir nicht versuchen, ihnen die Temperatur zu nehmen (durch das Wasser), sondern indem wir die Konzentration an Sauerstoff mindern: ein Pfannendeckel oder ein schwer brennbares Brett oder Blech reicht in der Regel aus und bewahrt uns vor einem schwerwiegenden Fehler.

Christbäume und Adventskränze sind ebenfalls beliebte Opfer von Fehleinschätzungen des Verteilungsgrads und der Temperatur. Das in ihren Nadeln enthaltene ätherische Öl (S-Limonen) beispielsweise hat eine Zündtemperatur von 237 Grad Celsius und einen Flammpunkt von 48 Grad Celsius. Eine Kerze erzeugt eine Temperatur von etwa 300 bis 600 Grad Celsius oberhalb ihrer Flamme. Selbst im Abstand von 20 Zentimetern liegt die Temperatur über der Kerze noch bei 50 bis 100 Grad. Die Gefahr nach oben kann mit Abstand bedacht werden, die Temperaturentwicklung läuft aber auch bei abgebrannten Kerzen nach unten ab. Generell werden bei etwa zwanzig Kerzen am Baum 2 Kilokalorien (kcal) an Energie an die Umgebung abgegeben. Ein Liter Wasser könnte damit um 2 Grad erwärmt werden. Ist der Baum durch die Wärmebehandlung zunehmend ausgetrocknet, reicht die Temperatur einer abbrennenden Kerze, um eine explosionsartige Verbrennung in Gang zu setzen, die ohne Weiteres Fensterscheiben zum Bersten bringen kann.

Katalysatoren – chemische Partnervermittler

Mit der Temperatur, der Konzentration und dem Zerteilungsgrad lässt sich ein Feuer schon gut erklären. Eine vierte, wenn auch untergeordnete Rolle in der Kerzenflamme, am Lagerfeuer und am Grill, spielen Katalysatoren. Für die Chemie und das Leben haben diese Helfer eine wesentlich größere Bedeutung. Gemeinhin stellt man sich unter dem Katalysator ein Bauteil im Auto vor, das irgendetwas mit Abgasen zu tun hat. Der Fahrzeugkatalysator im Auto verwandelt Schadstoffe in den Autoabgasen in weniger schädliche Stoffe. Auf Betriebstemperatur gebracht, setzt er Kohlenstoffmonoxid zu Kohlenstoffdioxid um, kurze Kohlenwasserstoffe zu Kohlenstoffdioxid und Wasser und Stickoxide zu Stickstoff. Im Bauteil sorgen Chemikalien wie Aluminiumoxid und Ceroxid für eine große Oberfläche. Edelmetalle wie Platin, Rhodium und Palladium vermitteln dann zwischen mehreren Reaktionspartnern, die sich normalerweise nicht füreinander interessieren würden.

Katalysatoren sind nämlich Verkuppler, vielleicht sogar Paartherapeuten, die die Bindungsprobleme der Edukte lösen. In der Disco kommt es auch bei uns Menschen oft dazu, dass man die beste Freundin oder den besten Freund darum bittet, sich dem Herzblatt vorzustellen. Katalysatoren senken die Aktivierungsenergie einer Reaktion und erhöhen damit ihre Geschwindigkeit. Sie lassen ablaufen, was sonst nicht laufen würde. Das funktioniert meistens über eine Zwischenstufe, die der Katalysator mit den Edukten eingeht. Wir stellen uns die beste Freundin oder den Freund vor, der uns und unseren Schwarm im Arm hat und uns miteinander bekannt macht. Das neue Pärchen zieht von dannen, und die Katalysatoren bleiben am Ende der Reaktion für sich unverändert. »Die katalytische Kraft scheint eigentlich darin zu bestehen, dass Körper durch ihre bloße Gegenwart, nicht durch ihre Verwandtschaft, die bei dieser Temperatur schlummernden Reaktionseigenschaften zu erwecken vermögen.« So hatte es bereits 1836 der Chemiker und Namensgeber der »Katalysis« Jöns Jakob Berzelius umschrieben. Und wir haben so eine Partnervermittlung auch schon miterleben können.

Im Versuch haben wir einen Zuckerwürfel schmelzen lassen. Die Schmelztemperatur von Haushaltszucker liegt bei 186 Grad Celsius. Der Zucker verfärbt sich dabei braun, er karamellisiert. Zahlreiche Vorgänge laufen bei der Karamellisierung ab. Teile des Zuckers werden pyrolysiert, entwässert und umgelagert, andere beginnen Reaktionen miteinander, verbinden sich zu Ketonen, Aldehyden und Polymeren, verkohlen oder reagieren mit dem Sauerstoff der Luft. So richtig kommt die Verbrennung des Zuckers aber nicht in Gang. Anders sieht es aus, wenn wir Tabakasche oder Asche aus dem Kamin oder Grill hinzugeben. In der Asche befinden sich verschiedene Metallsalze, zum Beispiel Kaliumcarbonat oder Kaliumoxid, die als Katalysator wirken. Die Reaktion des Zuckers mit dem Sauerstoff zu Kohlenstoffdioxid und Wasser kann nun ablaufen. Der Zucker brennt nach dem Zünden für sich alleine. Die Reaktion läuft schneller und heftiger ab als zuvor, jedoch immer noch unvollständig. Am Ende bleibt meist ein Korsett aus Kohlenstoff übrig, das von Verbrennungsgasen aufgeblasen wurde.

Noch schöner ist diese »Verkohlung« zu sehen, wenn wir statt eines Zuckerwürfels eine oder mehrere Hustenpastillen verwenden. In Spiritus getränkt, in Sand gesteckt und mit Zigarettenasche versehen, entstehen bei ihrer Verbrennung die Schlangen des Pharaos. Vorausgesetzt, die Pastillen enthalten neben dem Zucker auch das Backtriebmittel Natron, das wir ja als Kohlenstoffdioxidlieferant kennen.

Damit haben wir alle Wege kennengelernt, mit denen wir Feuer beeinflussen können. Wir erinnern uns an den Anfang des Kapitels, als wir am Grill standen und uns fragten, wie wir die Kohlen nun am besten anzünden. Nach diesem Kapitel sollte die Frage eigentlich schon geklärt sein. Wir fassen es aber noch einmal zusammen.

Branddreieck, riskante Flatulenz und Grill-Life-Hacks

Das Entstehen oder Vergehen des Feuers hat uns in diesem Kapitel begleitet. Ausgangspunkt unserer bisherigen Reise war ein Kohlegrill, der nicht in Gang kommen wollte. Wir haben uns die Flamme und die Kerze angeschaut und dabei allerlei Chemie und Physik entdeckt. Vieles von dem, was wir kennengelernt haben, lässt sich mit dem sogenannten Branddreieck zusammenfassen, das von Feuerwehrleuten gerne zur Veranschaulichung verwendet wird. Der Chemiker unterscheidet etwas genauer. Bei den Feuerwehrleuten sind es »nur« drei Dinge, damit das Feuer brennt, und drei Dinge, um das Feuer zu löschen: Brennbares, Luft, Temperatur. (Ihre Arbeit, das Feuerlöschen, tun die Feuerwehrleute mit diesem einfacheren Modell sicherlich trotzdem besser als ein paar philosophierende Wissenschaftler.) Wir nehmen das Branddreieck zur Hand und fassen damit noch einmal zusammen:

Brennbares Material – die Grundlage fürs Feuer

Als brennbare Stoffe lässt sich eine Vielzahl von Stoffen beschreiben, die mit dem Element Sauerstoff in einer exothermen Reaktion eine Verbindung eingehen. Wie gut etwas brennbar ist, hängt dann aber auch noch von seiner Oberfläche und seiner Verteilung ab und von seinen Schmelz- und Siedepunkten, wie wir im vorherigen Abschnitt gesehen haben. Ein Stück Grillkohle zeigt zunächst eine Flamme, die aus Gasen gespeist wird. Sind diese verbrannt, läuft die Reaktion des Kohlenstoffs deutlich langsamer ab. Fein verteilt als Kohlestaub wird der gleiche Stoff zur explosiven Gefahr. Besonders leicht brennbar sind Stoffe, die bereits gasförmig sind oder in geringer Partikelgröße vorliegen.

Viele brennbare Stoffe sind organischer Herkunft. Sie enthalten eine Vielzahl von Kohlenwasserstoffen, deren Elemente Sauerstoff chemisch binden können.

Stoffe werden nach ihrer Brennbarkeit in leicht entzündlich und hoch entzündlich unterschieden. Kann sich ein brennbarer Stoff unter normalen Bedingungen ohne Energiezufuhr erhitzen und entzünden, durch eine Zündquelle leicht entzündet werden, bei Berührung mit Wasser oder Luftfeuchtigkeit hochentzündliche Gase bilden oder als Flüssigkeit ein zündfähiges Dampf-Luft-Gemisch bilden, wird er als leicht entzündlich beschrieben. Liegt die Temperatur, bei der sich Dampf-Luft-Gemische bilden, extrem niedrig und kann der Stoff als Gas unter normalen Bedingungen explodieren, wird er als hochentzündlich beschrieben. Brandfördernde Stoffe wiederum können Brände weiter anfachen oder die Brandbekämpfung behindern. Sie enthalten meist Sauerstoff in ihrer Struktur, der die Reaktion weiter unterhält – was uns auch schon zum zweiten Eck des Branddreiecks bringt.

Luft – genauer gesagt: Ohne Sauerstoff brennt nichts an

Sauerstoff in angemessener Konzentration wird als Reaktionspartner für eine Feuererscheinung benötigt. Je mehr Sauerstoff vorhanden ist, desto schneller und heftiger kann die Reaktion ablaufen. Gasbrenner sind ein gutes Beispiel dafür. Wird etwa beim autogenen Schweißen mit einem Acetylenschweißbrenner nur das Acetylengas gezündet, erhält man eine rauschende Flamme. Wird eine 1:1-Sauerstoffzufuhr hinzugefügt, verwandelt sich die hellgelbe Flamme in eine 2600 Grad Celsius heiße »neutrale« Flamme. Stellt man einen Überschuss an Sauerstoff ein, kann die »oxidierende« Flamme Temperaturen von etwa 3200 Grad erreichen.

Die meisten Reaktionen zwischen Sauerstoff und anderen Elementen laufen nicht von alleine oder nur sehr langsam ab. Rost an Eisengegenständen ist ein Beispiel für die Reaktion des Eisens mit dem Luftsauerstoff, ebenso das Anlaufen von Kupfer und Silber oder ranzig werdende Butter. Auch beim Braten oder beim Reinigen mit Waschmitteln beziehungsweise Bleiche finden sich in unserem Alltag Reaktionen, bei denen der Sauerstoff eine wichtige Rolle einnimmt, jedoch langsamer und sanfter als im Feuer. Der Name Persil für ein sehr bekanntes Waschmittel geht auf seine ursprünglichen Hauptbestandteile Perborat und Silikat zurück. Perborate sind Sauerstoffverbindungen, die als Bleichmittel Sauerstoff freisetzen, der dann Schmutz oxidiert. Reaktionen, bei denen der Sauerstoff schneller und heftiger reagiert, sind von höheren Temperaturen gekennzeichnet – womit wir die letzte der drei Ecken erreicht haben.

Temperatur – ohne Aktivierungsenergie geht gar nichts

Die Temperatur steigt bei der Feuererscheinung zumeist nicht nur am Ende der Reaktion, sondern auch an ihrem Anfang. Ohne die nötige Entzündungstemperatur, die die Reaktion zwischen Sauerstoff und brennbarem Stoff aktiviert, also ohne Aktivierungsenergie, beginnt die Reaktion nicht. Eine Mischung aus Methan und Sauerstoff kann unter Standardbedingungen, also einem festgelegten »normalen Druck, wie er in unserem Alltag vorkommt, und einer festgelegten »normalen« Temperatur nahezu unverändert vorliegen. Werden die beiden Stoffe durch die Temperatur einer Feuerzeugflamme aktiviert, unterhält die frei werdende Energie der Reaktion sich selbst, bis die Edukte durchweg reagiert haben.

Ein Versuch übrigens, den ich als Teenager oft mit meinem Kumpel ausprobierte. Wenn sein Verdauungsapparat eine ausreichende Menge Biogas entwickelt hatte, setzte er sich hin, nahm die Beine hinter sich und hielt sich die Feuerzeugflamme vor den Hintern. Prächtige Feuerbälle waren das Ergebnis. Der Furz oder auch Flatulenz (lat. flatus Wind oder Blähung), unser persönliches Biogas aus dem Darm, besteht aus etwa 65 Prozent Stickstoff, 20 Prozent Wasserstoff, 10 Prozent Kohlendioxid, 3 Prozent Methan und 2 Prozent Sauerstoff. Für das schlechte Image des Furzes sorgen übrigens die übel riechenden Schwefelwasserstoff, Mercaptane und Indole, vom Anteil weniger als 1 Prozent in den gerundeten Werten enthalten, aber dafür umso einprägsamer für unsere Nase. Das windige Gemisch ist vor allem wegen des Wasserstoff- und Methananteils gut brennbar, trotzdem ist es ungefährlich, Chilibohnen zu essen. Es bedarf schon der notwendigen Temperatur zur Aktivierung, zum Beispiel durch die Flamme eines Feuerzeugs.

Aber Vorsicht beim Selbstexperiment: Flammen in der Hose können sehr schnell sehr hässlich werden! Einer dreißigjährigen Frau in Japan entwich 2016 unter Narkose ein Furz, während sie am Gebärmutterhals operiert wurde. Die operierenden Ärzte der Universität Tokio staunten nicht schlecht, als sich die aufsteigenden Winde durch die Hitze des Lasers entzündeten und eine Stichflamme die noch leicht bekleidete Patientin und sogar Vorhänge im Operationssaal in Brand setzte. Der Brand konnte gelöscht werden, die Patientin erlitt allerdings teilweise schwere Verbrennungen an Hüfte und Beinen.

Mit steigender Temperatur steigen also Stärke und

Anzahl von Kollisionen und damit die Anzahl an Reaktionen. Mit der Temperatur ändern sich darüber hinaus die Aggregatszustände, in denen die brennbaren Stoffe vorliegen. Sie werden flüssig oder gasförmig und verteilen sich besser. Aktivierungsenergien müssen nicht unbedingt durch Flammen oder andere Zündquellen zugeführt werden. Das Erreichen der Entzündungstemperatur findet bei Bränden deutlich häufiger ohne Flamme statt als durch offenes Feuer: Bügeleisen, kaputte Handyakkus oder Netzgeräte liefern oft genug Wärme, um Zündtemperaturen von brennbaren Materialien zu erreichen.

Die Zündtemperatur ist ein Maß für die Oxidationsempfindlichkeit eines Stoffes. Ist sie erreicht, zündet die Reaktion (wie der Name ja bereits vermuten lässt). Ein Streichholz benötigt gerade mal eine Temperatur von 60 Grad Celsius. Weißer Phosphor zündet unter normalen Bedingungen bereits bei einer leicht erhöhten Raumtemperatur zwischen 34 und 50 Grad. Kohle und Holz benötigen ungleich höhere Temperaturen von 240 bis 340 Grad – daher auch der Bedarf an Grillanzündern als Starthilfe. Zeitungspapier hat günstige Zündbedingungen und beginnt schon bei 175 Grad Celsius zu brennen. Ethanol oder Benzin zünden eigentlich erst bei 220 bis 460 Grad, als flüchtige Gase mischen sie sich allerdings schnell mit der umgebenden Luft und bilden damit ein zündfähiges Gas-Luft-Gemisch, dessen Flammpunkt bei 12 Grad Celsius für Alkohol beziehungsweise –45 bis +10 Grad Celsius für Benzin liegt. Mit einer entsprechenden Zündquelle lassen sie sich daher leicht bei Raumtemperatur zünden.

Bedenkt man all diese Dinge, wird klarer, wie und wozu wir Feuer machen, aber auch, wie wir es kontrollieren und löschen. Anders formuliert: Kommen alle drei Bestandteile des Branddreiecks zusammen, tritt das Phänomen Feuer in Erscheinung – nehmen wir einen der drei Bestandteile weg, verschwindet es wieder. Mit diesem Wissen können wir uns nun zurück zum Grill begeben, auf dem die Kohlen bereit liegen. Die Zündtemperatur von Holzkohle liegt bei etwa 300 Grad Celsius, ihr Verteilungsgrad ist ein wenig höher als bei Kohlebriketts, die abgerundet sind. Um die 300 Grad zu erreichen, brauchen wir eine Starthilfe, die genug Aktivierungsenergie liefert. Entscheiden wir uns für die harten Lösungen und greifen zu Spiritus, Benzin oder sogar weißem Phosphor? Was chemisch durchaus überdenkbar erscheint, eignet sich aufgrund der schädlichen Reaktionsprodukte wie dem schwer ätzenden Phosphorpentoxid mehr als Kampfmittel und wirklich nur sehr bedingt zum Grillen. Nein, fürs Grillen ist Phosphor eigentlich wirklich nicht geeignet und auch Benzin oder Spiritus sollten wir vermeiden! Also nehmen wir Methoden mit geringerer Reaktionsgeschwindigkeit? Außerdem sind wir in der Lage, mit unserem Wissen nun weitere Fragen zu stellen: Können wir die Konzentration an Sauerstoff erhöhen? Können wir den Zerteilungsgrad der Kohle erhöhen? Und welche brennbaren Stoffe eignen sich als alternative Grillanzünder?

Im folgenden Versuch probieren wir drei verschiedene Ansätze aus und bauen einen peruanischen Kohlevulkan sowie Zünder aus Toilettenpapier, Tannenzapfen, Eierkartons und Watte.

DER KOHLEGRILLVULKAN

WIR BENÖTIGEN DAZU:

eine Packung Wachskerzen,
einen Kochtopf,
eine Packung Wattepads,
eine Zange,
eine Untertasse,
einen Tannenzapfen,
eine Toilettenpapierrolle,
eine Flasche Speiseöl,
eine Tüte Tacochips,
eine Zeitung,
eine leere Bierflasche,
einen Eierkarton,
einen Sack Grillkohle.

VERSUCHSTEIL 1

1. Wir erhitzen mehrere Wachskerzen in einem Topf auf der Herdplatte, bis das Wachs flüssig geworden ist.
2. Wir tauchen mehrere Wattepads mit der Zange in das flüssige Wachs.
3. Wir nehmen die getränkten Wattepads mit der Zange aus dem Topf und lassen sie auf der Untertasse trocknen.
4. Wir nehmen einen Tannenzapfen mit der Zange und wiederholen diesen Ablauf mit dem Zapfen.

1. Wir legen eine Toilettenrolle in die Mitte des Grills und legen die Grillkohle um die Toilettenpapierrolle.
2. Wir tränken das Toilettenpapier vorsichtig mit Speiseöl.

1. Wir legen unsere Tannenzapfen und einige Tacochips zwischen die Grillkohlen.
2. Wir zünden ein wachsgetränktes Wattepad an und legen es neben die ölgetränkte Rolle Toilettenpapier.

VERSUCHSTEIL 2

1. Wir wickeln eine Doppelseite Zeitungspapier um eine Bierflasche. Boden und Seiten sollten fest verpackt sein, der Flaschenkopf aber frei.
2. Wir stellen die verpackte Flasche auf den Grill und legen die Grillkohlen in Form eines Vulkans um die Bierflasche, bis nur noch der Flaschenhals herausragt.

3. Wir nehmen die Flasche vorsichtig aus dem Krater. Die Zeitung verbleibt im Krater.
4. Wir zünden das Zeitungspapier im Kohlekrater an.

VERSUCHSTEIL 3

1. Wir entfernen den Deckel von einem Eierkarton.
2. Wir legen je ein großes Stück Kohle in die Fächer der Eierpappe.
3. Wir stellen die befüllte Eierpappe auf den Grill und zünden sie an.

Es ist für unser bereits geschultes Auge leicht zu erkennen, dass alle drei Ansätze versuchen, die von uns ausgemachten Bedingungen für die Entstehung eines Feuers zu verbessern. Beim ersten Ansatz widmen wir uns dem Bereich des Brennstoffs.

In einem Wattepad wird das Kerzenwachs feiner verteilt. Wie bei einem Kerzendocht können wir den Rand der selbst gemachten »Wachspads« mit einem Feuerzeug zünden. Die Energie der Reaktion schmilzt dann weiter innen liegende Wachsschichten und sorgt für genug Nachschub an brennbarem Wachsdampf. Ähnlich verhält es sich auch mit der rauen Oberfläche des Tannenzapfens, der schon von Natur aus verschiedene brennbare Öle enthält und darüber hinaus durch seine Form für eine gute Durchmischung von Sauerstoff und Brennstoff sorgt. Wollen wir den Aufwand mit dem Schmelzen von Wachs nicht betreiben, reicht auch eine Tüte Chips als Grillanzünder. Besonders fettig sollten sie sein, um in etwa wie die Toilettenpapierrolle zu wirken, die wir mit Speiseöl getränkt haben. Auch hier machen wir uns die feine Verteilung und Kapillarwirkungen durch Kartoffelchipstruktur oder Toilettenpapierfasern zunutze.

Übrigens: Für kleinere Flammen, zum Beispiel für die Kerzen am Tannenbaum, reicht es aus, (ungekochte) Spaghetti zu entzünden. Die kontrolliert abbrennende Nudel ist ein idealer Brennstoff und prima Kerzenanzünder. Die getränkte Toilettenpapierrolle lässt sich mit einer Konservendose auch als duftende Kerze für den Abend nutzen. Wer keine leere Konservendose zur Hand hat, kann auch einfach zwei ausgehölte Orangenhälften nehmen, deren weißer Strunk, die Columella, in der Mitte noch erhalten geblieben ist. Er wirkt dann wie ein Docht in der mit Öl gefüllten Orangenschale.

Im zweiten Ansatz beachten wir die thermodynamischen Strömungen in der Holzkohle, das heißt, unser Ziel ist die Zuführung des Sauerstoffs beziehungsweise dessen Konzentrationssteigerung. Der peruanische Kohlevulkan wirkt wie ein Kamin. Warme Luft dehnt sich aus und steigt aufgrund ihrer nun geringeren Dichte im Vulkan auf, was kühlere Luft an den Seiten dazu bewegt, nachzuströmen. Haben wir genug Platz zwischen den Kohlen gelassen und den Vulkan vielleicht sogar auf einem Drahtrost aufgetürmt, gelingt dieser Kreislauf aus warmer und kalter Luft sehr einfach und sorgt so für einen konstanten Nachschub an Sauerstoff.

Im dritten Ansatz machen wir uns die Konvektionsströme zunutze, wenn auch weniger koordiniert, dafür schneller umsetzbar. Für einen optimalen Nachschub an Sauerstoff sollte der Kamineffekt aber stets bedacht werden. Statt einer Eierpappe können wir auch einen Tetrapak oder eine dicke Papiertüte nehmen, solange sie kein Plastik oder Aluminium enthält. Dabei müssen dann aber Löcher an die Unterseiten gesetzt werden, um nachströmende Luft an den gewünschten Brandherd zu bringen. Achtung: Plastikteile entfernen!

Den Faktor Temperatur haben wir mit den beschriebenen drei Ansätzen bislang wenig abgedeckt. Die Temperatur entwickelt sich bei allen bisherigen Ideen durch die Reaktion von Anzündern oder der Kohle selbst. Ein ganz einfacher Trick, den schon mein Vater gerne nutzte, wenn es schnell gehen musste, unterstützt dies: der Haartrockner. Ein Föhn, oder besser noch: eine Heißluftpistole, unterstützt die Reaktion am Grill nicht nur durch ihre Temperatur, sondern führt auch weiteren Sauerstoff an die Reaktion. Und wenn Sie mich fragen, macht gerade das Tüfteln und Experimentieren den eigentlichen Reiz des Grillens aus, oder nicht? Bei aller gebotenen Vorsicht: Spielen Sie mit Ihren Ideen!

Wie wäre es zum Abschluss mit einem süßen Nachtisch? Wenn die Kohle schon mal glüht, nutzen wir die Temperatur doch für eine ungewöhnliche Leckerei: Popcorn vom Grill!

Wir benötigen einen Stock, zwei Metallsiebe, zwei Metallschellen, etwas Metalldraht, eine Aluschale, Mais, Puderzucker und Bratöl. Aus den Metallsieben, Schellen und Draht bauen wir eine Popcornmaschine fürs Grillfeuer, weshalb Plastikteile absolut tabu sind. Mit den Schellen oder dem Draht klemmen wir die Metallsiebe zusammen und befestigen sie wieder mit

Draht oder Schelle an einem Stock, der uns später vor Verbrennungen schützen wird. Nun fehlt nur noch der Trockenmais in einer Marinade aus Puderzucker und geschmolzenem Palmöl, Sesamöl oder Erdnussöl. Die marinierten Maiskörner geben wir in unsere Siebkonstruktion, sodass etwa ¼ des Siebes belegt ist. Das Popcorn muss ja noch Platz zum »aufpoppen« haben. Wir verschließen dann die Apparatur. Nach wenigen Minuten über dem Feuer beginnen die Maiskörner aufzupoppen. Die Temperatur der Flamme lässt Wasser im Maiskorn verdampfen. Die amerikanischen Ureinwohner kannten das Popcorn schon und glaubten, dass friedliebende Geister in den Maiskörnen leben. Beim Erhitzen des Mais würden die Geister so böse, dass sie aus ihren Wohnstätten ausbrechen und unter Dampf explodieren.

Forscher der Universität Grenoble untersuchten das genauer (bis auf die Sache mit den Geistern natürlich). Ein Maiskorn enthält etwa 20 Milligramm Wasser in flüssigem Zustand. Bei einer Schwellentemperatur von 180 Grad Celsius dehnt sich das im Endosperm, dem Speichergewebe des Mais, enthaltene Wasser schlagartig aus und wird gasförmig. Keine chemische Aktivierung durch Temperatur, aber eine physikalische Aktivierung, wenn man so will. Die meisten Maiskörner poppen also gleichzeitig, soweit sie der nötigen Temperatur ausgesetzt sind. Als Wasserdampf nimmt das Wasser einen viel größeren Raum ein, der im Maiskorn nicht zur Verfügung steht. Der Druck des sich ausdehnenden Gases steigt, bis das Maiskorn dem Druck nicht mehr standhalten kann und mit einem »Pop« zerplatzt. Genau genommen stammt das Aufpopgeräusch nicht vom Korn, sondern vom Wasserdampf, der sich binnen Bruchteilen einer Zehntelsekunde schlagartig ausdehnen kann. Wie beim Champagnerkorken erzeugt diese Druckänderung das charakteristische »Pop«. Im Endosperm ist neben Wasser auch viel Stärke enthalten, die im Feuer und durch das treibende Wasser eine schaumige Form annimmt. Zuerst bildet sich ein stärkehaltiges »Bein« am Maiskorn, das das Korn in einer Drehung von 480 bis 500 Grad und einer Geschwindigkeit von etwa 200 Metern pro Sekunde im Salto springen lässt. Die dabei abkühlende Stärke bildet dann eine feste Struktur. Mit diesem süßen Finale verlassen wir den Grill und begeben uns von heiß nach kalt und vom Feuer zum Eis.

Kapitel 2

Ins kalte Wasser geworfen

Schnee von gestern und morgen

»Es schneit! Es schneit! Kommt alle aus dem Haus!« So fängt ein bekanntes Kinderlied an. Doch diese Liedzeile führt uns nicht etwa in die Weihnachtsbäckerei, sondern zu einem weiteren besonderen Element: dem Wasser. Wasser ist, wie wir gelernt haben, eigentlich gar kein Element und die Elementtheorie der alten Griechen Thales von Milet oder Empedokles veraltet.

Empedokles wies dem Wasser die Eigenschaften kalt und feucht zu, was zwar nicht falsch, aber viel zu kurz gegriffen ist. Wasser ist so viel mehr, ein richtiges Super-Molekül aus den Elementen Wasserstoff und Sauerstoff, wie wir später noch eigenhändig und wissenschaftlich belegen werden. Was daran so super sein soll? Nun, Wasser ist nahezu überall auf unserem Planeten vorhanden, 71 Prozent der Erdoberfläche sind damit bedeckt, ohne Wasser gibt es kein Leben, die ersten Zivilisationen entwickelten sich an Wasserläufen, der Streit um trinkbares Wasser kann Kriege auslösen, Wasser selbst löscht wiederum Brände, Wasser ist Lebensraum für unzählige Pflanzen und Tierarten, Wasser ist ein Verkehrsweg, Wasser wäscht sauber und rein, Wassermangel ist der sichere Tod für alle Lebewesen, Wasser bewegt sich in Kreisläufen, ändert dabei seine Zustandsformen und prägt die Erde um sich herum. Und das ist längst nicht alles. Die verrücktesten Eigenschaften haben wir mit dieser Zusammenfassung noch nicht einmal erfasst, denn Wasser macht im Vergleich zu seinen nächsten Nachbarn im Periodensystem, wie zum Beispiel dem Schwefeldioxid oder Kohlenstoffdioxid, die widersprüchlichsten Dinge möglich: Wasser kann lösen und kleben, es lässt die einen unter- und andere übers Wasser gehen, es kann Leben spenden und den Tod bringen, und es kann zu einer regelrechten Anomalie führen, wie wir in diesem Kapitel genauer herausfinden werden.

»Das Prinzip aller Dinge ist das Wasser: Aus Wasser ist alles, und ins Wasser kehrt alles zurück.« »Alles« ist nun sicher ein bisschen übertrieben, aber vieles, und deshalb hatte Thales von Milet, von dem das Zitat stammt, nicht ganz unrecht mit seiner Ansicht.

H_2O ist eine Verbindung aus zwei Atomen Wasserstoff und einem Atom Sauerstoff. Ein bisschen sieht das Wassermolekül wie eine Mickymaus aus. Zwei Ohren aus Wasserstoff sitzen auf einem Kopf aus Sauerstoff. Doch Wasser nur auf seine Grundbausteine zu reduzieren würde ihm nicht gerecht werden. So viel Faszination geht von diesem Wunderstoff aus, dass die Menschen es nicht ohne Grund auch heute noch als ein Grundelement ansehen und ihm manche Magie andichten. Wasser begegnet uns in verschiedenen Formen und ist ein wesentlicher Bestandteil unseres Lebens und ein ständiger Begleiter im Alltag. Wenn wir morgens aufwachen, ist unser erster Gang meist auf die Toilette, um Wasser zu lassen. Wir nutzen Wasser danach, um uns zu waschen, kochen dann einen Kaffee in heißem Wasser und schauen aus dem Fenster, wie das Wetter für heute aussieht: Wird es regnen, hageln oder schneien? Müssen vereiste Autofenster freigekratzt werden? Ist der Himmel von Wolken verdeckt, hängen feine Nebeltropfen in der Luft, oder ist es sogar schon warm genug für einen Sprung ins Freibad?

Eine besonders schöne der eben angedeuteten Formen des Wassers ist der Schnee. Wie beim Feuer in Kapitel 1 sind auch das Wasser und seine verschiedenen Formen ebenso positiv wie negativ belegt. An den wunderschönen kristallinen Schneeflocken können wir uns erfreuen, solange wir nicht den Gehweg freischaufeln müssen oder mit dem Auto über eine eisglatte Fahrbahn rutschen. Schnell wird aus dem feinen Neuschnee fester, grauer Schneematsch und gefährliches Eis. Schnee ist auch nicht gleich Schnee, und der Schnee von gestern ist ganz anders als der Schnee von morgen.

Die Inuit im arktischen Zentral- und Nordostkanada oder Grönland kennen über hundert verschiedene Wörter für Schnee, sagt man. So ganz richtig ist das nicht, wie Sprachforscher inzwischen festgestellt haben, weil viele Wörter der Inuit durch »polysynthetische« Zusammensetzungen zustande kommen. Die Inuit fassen den Satz »Schnee, der auf ein rotes T-Shirt fällt« einfach zu einem Wort zusammen. Außerdem gibt es nicht eine Inuitsprache, sondern viele lokale Unterschiede und damit viele zusätzliche Wörter. Trotzdem bringt die Vermutung, dass Inuit und andere Polarvölker naturgemäß viel über Schnee sprechen, die Annahme mit, dass es nicht nur den einen Schnee gibt. Tatsächlich unterscheidet auch die deutsche Sprache viele Formen von Schnee. Da gibt es den lockeren Neuschnee, auch Wildschnee genannt, den etwas feuchteren und schwereren Pappschnee, es gibt Feucht- oder Sulzschnee mit noch höherer Feuchtigkeit, Nassschnee mit herausrinnendem Wasser, Faulschnee mit großen Körnern, Windharsch als Kruste auf Schnee, Bruchharsch, der angetaute und wieder leicht gefrorene Schnee, außerdem Griesel, Firn, Eislamellen, Schwimmschnee, Gletschereisschnee oder – in Skigebieten mehr und mehr – Kunstschnee.

Dass Schnee nicht gleich Schnee ist, merkt man auch am Gewicht. Trockener Neuschnee bringt es auf 30 bis 50 Kilogramm pro Kubikmeter, feuchter Neuschnee schon auf 200 Kilo, und Altschnee kann bis zu 800 Kilo pro Kubikmeter schwer werden, je nach Witterung und Verdichtung.

Allgemein bezeichnen wir mit Schnee Wasser, das sich in Form von feinen Eiskristallen niederschlägt. Zu trivial? Auf der Venus fällt auch Schnee, allerdings bei 400 bis 500 Grad Celsius. Auf dem zweitinnersten Planeten unseres Sonnensystems tragen die Berggipfel eine glänzende Decke aus Tellur oder Bleisulfid und Bismutsulfid. Auf dem Gasriesen Jupiter wird das Edelgas Neon so unter Druck gesetzt, dass es als Regen auf einen Boden aus flüssigem, metallischem Wasserstoff fällt. Aufgrund der dabei entstehenden Reibung leuchten die Tröpfchen. Kitschige Urlaubspostkarten vom Jupiter würden einen orangefarbenen Himmel mit leuchtendem »Purple Rain« aus Neon zeigen. Auf dem Mars wiederum findet sich Schnee aus Trockeneis, und auf dem Titan, einem Mond des Saturns, gibt es keinen Schnee, aber dafür einen leuchtenden Methanregen.

Schnee ist also beileibe kein exklusives Phänomen unserer einzigartigen Erde, wenn auch ein immer seltener werdendes in unseren mitteleuropäischen Breitengraden. »Früher war mehr Lametta« und mehr weiße

Weihnacht, könnte man meinen. So stimmt das aber nicht. Selbst in den auffällig kalten Wintern zwischen 1939 und 1974 war das Weihnachtsfest bundesweit meist schneefrei! Münchner und Dresdener haben statistisch gesehen noch die größte Chance, in Hamburg, Frankfurt oder im Rheinland gibt es eine weiße Weihnacht etwa alle zehn Jahre. Dazu passt, dass zwei Drittel der Menschheit angeblich noch nie Schnee gesehen haben.

In New York hingegen fällt fünfzehnmal mehr Schnee als am Südpol. Die größte Schneeflocke wurde übrigens mit 38 Zentimeter Durchmesser 1887 in Fort Keough, Montana, gemessen. Das größte Hagelkorn schaffte es dagegen nur auf 20,32 Zentimeter, wog dabei aber 875 Gramm.

Wir können ganz froh sein, dass nur Wasser auf uns herabfällt, und kein Methan oder Neon, und meistens auch nur mit wenigen Gramm Gewicht. Die Eigenschaften von Schnee, Eis und Wasser auf der Erde verdanken wir dem Abstand unseres Planeten von der Sonne. Er ist verantwortlich dafür, dass Wasser auf unserem Heimatplaneten dauerhaft in flüssiger Form vorkommt. Gerade im Winter merken wir, wie unangenehm es ist, wenn Wasser den Zustand wechselt und zu Festkörpern wird. Das andere Extrem ist auch ungemütlich: Wird es im Sommer zu heiß, verdampft H_2O in der Atmosphäre, und Wasser wird zur Mangelware. Zwischen den Extremen lebt es sich am besten.

Viele Phänomene des Wassers haben wir jetzt schon kurz berührt. Gerade der kalte Wintermorgen zeigt viele Facetten des Wassers, ob nun den weiß scheinenden Schnee, den Atem in der kalten Luft, die glatten Eisflächen, den feinen Nebel auf dem Rückspiegel im kalten Auto oder die überfrorene Autoscheibe. Gerade hier könnte die Wissenschaft doch helfen, oder? Schauen wir uns die Eigenschaften des Wassers doch mal genauer an, vielleicht können wir damit das leidige Kratzen der Autoscheibe etwas vereinfachen.

Wunderkerzen, Schnäpse und Partnerwechsel

Ein Hoch aufs H_2O! Erheben wir das Schnapsglas mit einem Schluck Wasser für dieses faszinierende Element! In einem handelsüblichen 2-Centiliter Schnapsglas, befüllt mit etwa 18 Millilitern (1,8 cl) Wasser, sind mehrere Trilliarden Wassermoleküle enthalten, etwa $6 \cdot 10^{23}$. Da sind also mehr Wasserteilchen in diesem Schnapsglas, als Schnapsgläser mit Wasser in den Atlantik passen.

Chemiker verwenden bei solch wahnwitzigen Zahlen die Einheit Mol. Ein Mol ist für den Chemiker so etwas wie ein Dutzend auf dem Markt. Ein Dutzend Eier sind immer zwölf Stück. Wenn ich beim Chemiker ein Mol Wasser bestelle, erhalte ich genau 600.000.000.000.000.000.000.000, also 600 Trilliarden Teilchen. Das mit dem Nachzählen kann da schon etwas dauern. Gut, dass man inzwischen weiß, wie viel ein solches Mol wiegt. Aus den Atommassen der einzelnen Bestandteile Wasserstoff und Sauerstoff ergibt sich für ein Mol Wasser ungefähr der Wert von 18 Gramm oder eben 18 Milliliter in unserem Schnapsglas. Der Atlantik fasst etwa 354.700.000.000.000.000 oder 354,7 Billiarden Liter Wasser. Pro Glas mit etwa 0,02 Litern macht das also 17.735.000.000.000.000.000 oder 17,7 Trillionen Schnapsgläser Wasser, die der Atlantik fassen kann, und damit 599.982.265.000.000.000.000.000 zu wenig. Große Zahlen in einem kleinen Wasserglas.

Gehen wir aber zunächst mal einen kleinen Schritt zurück. Wir haben schon die ganze Zeit angenommen, dass Wasser aus mehreren Atomen besteht, die sich zu einem H_2O-Molekül verbunden haben. Diese Annahme könnten wir bestätigen, indem wir das Wassermolekül wieder in seine Einzelteile zerlegen. Und genau das machen wir jetzt.

WUNDERKERZEN IM MARMELADENGLAS

WIR BENÖTIGEN DAZU:

zehn Wunderkerzen,
ein dickwandiges Marmeladenglas,
Klebeband,
Wasser,
Streichhölzer,
eine Dose/ein Glas Rotkohl,
eine feuerfeste Unterlage
(z. B. ein Küchenbrett).

SICHERHEITSHINWEIS:

Vor der Durchführung des Versuchs sollten alle brennbaren Gegenstände aus der Nähe entfernt werden. Das Marmeladenglas sollte auf eventuelle Schäden überprüft und ein angemessener Sicherheitsabstand vom Glas eingehalten werden. Der Versuch sollte nur im Freien, nicht allein und nur in Begleitung Erwachsener durchgeführt werden. Nach Reaktionsbeginn sollte der Versuch zur Sicherheit nur aus einigem Abstand beobachtet werden.

DURCHFÜHRUNG:

1. Wir legen eine feuerfeste Unterlage aus und legen die Wunderkerzen zu einem Bündel zusammen.
2. Wir binden mehrere Lagen Klebeband um das Bündel aus Wunderkerzen. Die Wunderkerzen müssen vollkommen umwickelt sein, nur die oberste Spitze, etwa 5 mm, lassen wir frei.
3. Wir füllen ein dickwandiges Marmeladenglas bis zum Rand mit Wasser und stellen es auf die schwer brennbare Unterlage.
4. Wir zünden das Wunderkerzenbündel an der Spitze an. Wenn alle Wunderkerzenspitzen brennen, geben wir das Bündel mit der brennenden Spitze voran in das Marmeladenglas und entfernen uns rasch.
5. Nach dem Ende des Versuchs geben wir einige Tropfen Rotkohlsaft in das Marmeladenglas.

BEOBACHTUNGSAUFTRÄGE:

a) Warum brennen die Wunderkerzen unter Wasser?
b) Warum brennt die Flamme über Wasser?
c) Warum spritzt das Wasser dabei so sehr?
d) Brennt eine einzelne Wunderkerze, wenn sie mit Klebeband umwickelt wurde?
e) Was zeigt sich, wenn wir nach dem Versuch einige Tropfen Rotkohlsaft in das Wasser geben?

Flammen lassen sich meist durch Wasser löschen, wie jeder weiß. Auch eine einzelne Wunderkerze verlöscht sofort, wenn das Wasser auf die Wunderkerze trifft. Warum das so ist, werden wir im nächsten Versuch genauer beobachten. Im umwickelten Bündel gelangt das Wasser aber nicht an die Wunderkerzen, sodass sie unter Wasser weiterbrennen können. Dabei steigen große Gasblasen auf, die das Wasser richtig brodeln lassen, und über dem Wasser leuchten Flammen auf.

Wunderkerzen enthalten verschiedene Stoffe, zum Beispiel Metallpulver, die für die schönen Funken sorgen, und Nitrate, die als Sauerstofflieferant dienen. Wir erinnern uns an das Branddreieck: In unserem Bündel haben wir brennbares Material, Temperatur und Sauerstoff – Bingo! Und durch die lange Röhrenform haben wir auch noch einen leichten Kamineffekt. Die Metallpulver reagieren aber nicht nur mit dem Sauerstoff aus den Nitraten, sondern auch mit dem Wasser. Das wird durch die hohen Temperaturen erst einmal rasch zum Kochen gebracht. Das Blubbern zeigt es deutlich. Der Wasserdampf und die heißen Metalle ermöglichen dem ein oder anderen Sauerstoffatom aus den Wassermolekülen einen Partnerwechsel. Zurück bleiben Wasserstoffmoleküle und die neu verbundenen Metall-Sauerstoff-Pärchen, die Metalloxide.

Was wir aus Kapitel 1 schon wissen, aber hier noch einmal wiederholen: Metallbrände sollten nie mit Wasser gelöscht werden, weil die heißen Metalle mit dem Wasser reagieren und dabei Wasserstoff freisetzen. Hier ist größte Vorsicht geboten!

In Formelsprache schreibt der Chemiker zum Beispiel für die Reaktion von Eisen und Wasser:

$$4\,H_2O + 3\,Fe \longrightarrow Fe_3O_4 + 4\,H_2$$

Auch Aluminium oder Magnesium spielen bei unseren Wunderkerzen eine Rolle. Erkennbar brennt eine Flamme über dem Wasser. Der aufgestiegene Wasserstoff wird hier bestenfalls durch Funken der Wunderkerze gezündet und reagiert mit dem Sauerstoff der Luft wieder zu Wassermolekülen. Die Trennung ist also schnell überwunden. Mit ein wenig Spülmittel im Wasserglas kann man die Reaktion über dem Wasser übrigens ausbremsen und die mit Wasserstoff gefüllten Seifenblasen später zünden. Sie brennen.

Zurück vom Partnertausch bleibt eine trübe Lösung der verschiedenen Metalloxide, die sich im Wasser auch noch weiterentwickeln. Sie bilden eine Lauge, die wir mit Rotkohlsaft sichtbar machen können. Er verfärbt sich blau, was auf eine Lauge im Wasser hinweist. Ein buntes Thema für sich, dass wir an anderer Stelle auch genauer betrachten könnten.

Bleiben wir aber erst einmal beim Wasser: Wir haben also die Bestandteile, aus denen Wasser besteht, im Marmeladenglas auseinandernehmen und an der Oberfläche wieder zusammensetzen können. Und nebenbei herausgefunden, wie die Olympische Flamme auf ihrem Weg von Athen zum jeweiligen Austragungsort auch durchs Wasser gehen kann. Tatsächlich wurde das Olympische Feuer vor den Wettkämpfen in Sydney im Jahr 2000 bei seinem Fackellauf für 2 Minuten und 40 Sekunden mithilfe von Magnesium- und Aluminiumfackeln durch das Wasser des Great Barrier Reefs geführt. Die Meeresbiologin Wendy Craig-Duncan tauchte mit der Fackel und war vorweg so nervös, dass sie kaum schlafen und essen konnte. Am Ende hat es aber geklappt, dank der Physik und Chemie des Wassers.

Die Physik bei diesem Phänomen haben wir bislang außer Acht gelassen. Sie wirkt dem Phänomen im Versuch entgegen, was man daran erkennt, dass einzelne Wunderkerzen sofort ausgehen. Auch wenn wir ein Streichholz oder eine Kerze ins Wasser halten, verlischt sie sofort. Warum das so ist, machen wir uns mit einem weiteren Versuch zu einer Eigenschaft des Wassers deutlich, die Feuer löscht und uns schon unzählige Male die Zunge verbrannt hat: die Wärmekapazität des Wassers!

Heißer Kaffee, Pizza Margherita und Schokoladenlifting am Berg

Stella Liebeck aus New Mexico erlangte Berühmtheit, als sie Anfang der Neunzigerjahre die Fast-Food-Kette McDonald's verklagte und 160000 Dollar Schmerzensgeld sowie 480000 Dollar Schadensersatz zugesprochen bekam. Was war passiert?

Stella Liebeck saß am 27. Februar 1992 im Auto ihres Enkels auf einem Parkplatz, auf dem Schoß einen Kaffeebecher aus dem »Restaurant zur goldenen Möwe«. Sie entschied sich, den Deckel aus Polystyrol abzunehmen, und dabei passierte das Unglück: Sie verschüttete den heißen Kaffee, ihre Jogginghose saugte ihn auf, und Liebeck erlitt Verbrühungen dritten Grades.

Krankenhausaufenthalt und eine Hauttransplantation kosteten sie 20.000 Dollar, die sie bei dem Fast-Food-Konzern einforderte. Doch mehr als 800 Dollar wollte McDonald's nicht zahlen, sodass es schließlich zum Prozess kam. Dort kam heraus, dass McDonald's den Kaffee mit einer Temperatur von 85 Grad Celsius verkaufte, heißer als die Konkurrenz. Zwischen 1982 und 1992 hatten bereits 700 Personen Ansprüche an McDonald's im Zusammenhang mit Verbrennungen durch heißen Kaffee gestellt. Anhand des Gewinns, den die Fast-Food-Kette damals mit Kaffee machte, legte das Gericht die Summe von 2,7 Millionen Dollar Schadensersatz fest, die dann aber in zweiter Instanz reduziert wurde. Viel Geld für einen Becher mit einem Gebräu aus Kaffeepulver und heißem Wasser.

Der Kaffee wurde danach weniger heiß verkauft, und seither finden wir auch in Deutschland mehr Hinweise an Lebensmitteln und Gebrauchsgegenständen. In den USA gehört es inzwischen zum Standard, davor zu warnen, dass keine Personen in die Waschmaschine gesteckt werden dürfen, kein Streichholz verwendet werden sollte, um den Benzinstand im Autotank zu prüfen, oder das Handy nicht in der Mikrowelle getrocknet werden darf. Besonders freundlich ist der Hinweis an einem Fieberthermometer: »Wenn dieses Thermometer rektal eingesetzt wird, sollte anschließend keine Messung im Mund durchgeführt werden.«

Lassen wir die unfreiwillige Komik der Juristen und wenden uns wieder der Physik zu. Das Problem von Stella Liebeck war eigentlich eine Fehleinschätzung der physikalischen Eigenschaften des Wassers, der wir alle oft erliegen. Wir klären das im Versuch.

EIN BALLON ÜBER DER KERZENFLAMME

TEEBEUTEL IM WASSERBAD

WIR BENÖTIGEN DAZU:

zwei Luftballons,
eine Kerze,
heißes Wasser,
kaltes Wasser,
drei Gläser,
zwei Teebeutel
(z. B. Hagebuttentee),
Lebensmittelfarbe (Pulver),
ein Stövchen,
ein Teelicht,
eine feuerfeste Unterlage
(z. B. ein Küchenbrett).

DURCHFÜHRUNG:

1. Wir füllen etwas kaltes Wasser in einen Luftballon.
2. Wir pusten den Ballon weiter auf und verknoten das Ende.
3. Wir pusten einen zweiten Ballon ohne Wasser auf.
4. Wir stellen eine Kerze auf eine feuerfeste Unterlage und zünden sie an.
5. Wir halten die Ballons nacheinander über die Kerzenflamme.

1. Wir füllen ein Glas mit kalten Wasser.
2. Wir füllen ein Glas mit heißem Wasser.
3. Wir geben in beide Gläser vorsichtig einen Teebeutel und beobachten, wie sich der Tee ausbreitet.

1. Wir füllen etwas Lebensmittelfarbpulver in ein Glas und geben vorsichtig kaltes Wasser darauf.
2. Wir warten ca. 20 Minuten, bis sich die Farbteilchen am Boden abgesetzt haben.
3. Wir zünden ein Teelicht in einem Stövchen an und stellen das Glas vorsichtig darauf.

BEOBACHTUNGSAUFTRÄGE:

a) Platzt ein mit Wasser gefüllter Ballon über der Flamme, wenn wir statt kaltem Wasser heißes Wasser nehmen?
b) Verteilt sich der Tee in heißem Wasser oder in kaltem Wasser schneller?
c) Wie bewegt sich das erhitzte Wasser über der Teelichtflamme?

Eine leckere Pizza aus dem Ofen, bestrichen mit viel Tomatensoße und italienischen Kräutern, belegt mit Mozzarella, frischen Tomaten und Basilikum: die Pizza Margherita, benannt nach der italienischen Königin Margherita, deren Lieblingspizza 1889 vom Pizzabäcker Esposito kreiert und benannt wurde. Wenn auch das Pizzarezept der Margherita laut Wissenschaftlern wohl schon vorher bestand, bleibt der Name der Pizza und ein Problem seitdem immer gleich. Wir nehmen die frisch gebackene Pizza aus dem Ofen, lassen sie kurz abkühlen, beißen vorsichtig in den Rand, um die Temperatur zu erfühlen, und dann selbstsicher in die belegte Pizza: »Autsch!«

An Tomate und Tomatensoße kann man sich vortrefflich verbrennen, am Pizzateig eher nicht. Ist die Tomate im Ofen heißer geworden als der Teig? Die gesamte Pizza war den gleichen Bedingungen ausgesetzt. In Soße, Käse, vor allem aber in der Tomate befindet sich viel mehr Wasser, und das auch noch in flüssiger Form. Im Teig selbst befindet sich nach dem Backen nur wenig Wasser. Ein schlecht durchgebackener, also noch Wasser enthaltender Teig kann auch mal auf der Zunge schmerzen, ein trockenes Burgerbrötchen in der Regel kaum. Es ist also das Wasser, das hier die Schmerzen verursacht.

Dasselbe Phänomen konnten wir im Versuch nachweisen, ohne uns die Zunge zu verbrennen. Der Luftballon konnte ohne Probleme über der Kerzenflamme gehalten werden, soweit er mit Wasser gefüllt war. Wie lässt sich das erklären? Wärme leiten kann Wasser nicht so besonders gut. Wasser hat zwar im Vergleich mit anderen Flüssigkeiten eine hohe Wärmeleitfähigkeit, im Vergleich mit Metallen aber eine sehr geringe. Auch wenn die Wärmeleitfähigkeit des Wassers mit steigender Temperatur zunimmt, so erreicht sie nicht mal den schlechtesten Wärmeleiter der Metalle, das Bismut.

Es ist eine andere Eigenschaft, nach der wir hier suchen. Wasser hat die Eigenschaft, Energie, die es im Ofen oder in der Kerzenflamme aufgenommen hat, gut in sich zu speichern. Physiker nennen diese Eigenschaft des Wassers die spezifische Wärmekapazität, weil die Fähigkeit, Wärme aufzunehmen, für jeden Stoff spezifisch, also für ihn typisch ist. Sie ist außerdem ein Maß dafür, wie viel Energie man benötigt, um ein Kilogramm eines Stoffes um ein Grad Celsius zu erwärmen. Bei manchen Stoffen benötigt man nur wenig Energie, etwa bei Gold oder Eisen. Besonders hoch liegt die Wärmekapazität bei Alkohol oder eben bei Wasser, das eine spezifische Wärmekapazität von 4,2 kJ/(kg · K) hat. Die kryptischen Einheiten hinter der Zahl sind mit einem Beispiel schnell erläutert. Möchte man einen Liter Wasser um ein Grad Celsius erhöhen, muss man 4190 Joule an Energie zuführen. Ein Vergleich dazu: Um eine Tafel Schokolade (etwa 100 Gramm) einen Meter hochzuheben, benötigt man etwa 1 Joule an Energie. Das sind dann also 4200 Schokoladentafeln beziehungsweise 420 Kilogramm auf einem Meter Höhe oder die Energie einer Tafel Schokolade auf eine Bergspitze in den Berner oder Walliser Alpen, die hier aufgebracht werden, um ein Grad Celsius (oder Kelvin) Temperaturerhöhung zu erhalten. Das ist schon nicht wenig, oder?

Erhitzen wir ein Kilogramm beziehungsweise einen Liter Wasser von 15 auf 100 Grad, also um 85 Grad, dann benötigen wir:

$$4{,}2\,\text{kJ} \div (\text{kg} \cdot \text{K}) \cdot 85\,\text{K} \cdot 1\,\text{kg} = 357.000\,\text{J oder } 357\,\text{kJ}$$

Diese Energie, die in unserem Vergleich einer Tafel Schokolade in 357 Kilometern Höhe der Thermosphäre unserer Erde entspricht, ist dann natürlich auch in dem Wasser der heißen Pizza aus dem Ofen enthalten, bis sie sich in der Umgebung oder auf der Lippe des zubeißenden Konsumenten verteilt.

Hinzu kommt ein weiterer Effekt, den wir im zweiten Teil des Versuchs sehen konnten: Warmes Wasser steigt auf. Physiker sprechen dabei von Konvektion. Es hat Gründe, warum wir unseren Tee in heißem und nicht in kaltem Wasser lösen, und auch der Kaffee bei McDonald's oder sonst wo benötigt heißes Wasser. Das Wort Konvektion stammt von dem lateinischen Begriff convectum, was so viel wie »mitgetragen« bedeutet. Das Teewasser trägt den Tee also mit – und dazu müssen wir ihm erst einmal Dampf unter dem Hintern machen.

Auch das haben wir im Versuch gesehen. Das Teelicht unter dem Glas brachte die Lebensmittelfarbe in Bewegung, genauer gesagt, das Wasser, das die Farbe dann mit sich nahm. Warmes Wasser steigt auf, kaltes Wasser sinkt in wärmerem Wasser ab. Warum sinkt oder steigt, fällt, oder schwimmt eigentlich etwas im Wasser? Das schauen wir uns im nächsten Versuch noch genauer an, halten aber zunächst fest, was wir bisher erkannten: Wasser kann Energie gut speichern, und noch dazu kann es sie transportieren, was unseren Ballon erst einmal vor dem Platzen bewahrt hat.

Wer mutig ist, kann statt eines Luftballons auch eine Schale aus einem Geldschein basteln und Wasser darin kochen. Eine leere Streichholzschachtel zum Üben reicht aber auch erst einmal aus. Das Wasser nimmt die Energie der Flamme auf, und Konvektionsströme transportieren das heiße Wasser ab. Erst wenn das Wasser zu verdampfen beginnt und damit zum Wärme-Aufnehmen im Karton nicht mehr zur Verfügung steht, beginnt auch der Karton zu brennen. Was im Kleinen gilt, gilt auch im Großen: In der Atmosphäre oder im Meer nimmt das Wassermolekül aus Infrarotstrahlung Energie auf und spielt so eine wichtige Rolle für das Klima. Auch bei der Wandlung von Energien in Kraftwerken nutzen wir die Eigenschaft, dass Wasser viel Energie aufnehmen kann. In Kernkraftwerken wird Wasser durch die Temperatur des Kernzerfalls erhitzt, und mit dem dabei entstehenden Wasserdampf werden Turbinen angetrieben, die in Generatoren letztlich Strom aus der Kernenergie machen. Das würde den Rahmen des kleinen Baumarkt-Physikers dann doch sprengen – aber das Prinzip ist dasselbe!

Werbung in den Achtzigern, Schwimmen mit Descartes und Auftrieb für die Titanic

In den frühen Achtzigern gab es eine Fernsehwerbung eines Schokoladenriegels, der so locker leicht daherkam, dass er sogar in Milch schwamm. »Milky Way« von der Firma Mars Incorporated ist für sich schon ein interessantes Phänomen. Bei Markteinführung war der Riegel identisch zu seinem älteren Bruder »Mars«, mit Ausnahme der Karamellcreme. Entgegen der naheliegenden Vermutung, der Riegel wäre nach unserer Milchstraße benannt, bezog sich der Name damals auf einen Milchshake mit ähnlichem Geschmack. In der Werbung wurde der Schokoriegel mit Assoziation zu unserer Milchstraße ab 1980 mit dem Slogan »So locker und leicht, der schwimmt sogar in Milch« beworben, und es stimmt, er schwimmt tatsächlich in Milch! Das liegt aber nur bedingt an seinen Inhaltsstoffen, die ernährungsphysiologisch alles andere als locker und leicht sind. In Milch schwimmen auch Konservendosen, Bowlingkugeln und die ägyptische Königin Kleopatra. Mit 447 Kilokalorien pro 100 Gramm war der Ansatz, den Riegel als leichten Snack darzustellen, nicht schlecht. Für die gleiche Menge an Kalorien kann man immerhin auch ein Brötchen mit Geflügelsalat, eine Portion geschmortes Hähnchen in Rotwein oder eine schlanke Portion Penne all'arrabiata essen.

Es ist eben nicht nur der Riegel, der hier für Auftrieb sorgt, sondern vor allem die Flüssigkeit und weitere physikalische Gegebenheiten, die wir uns nun weiter anschauen wollen: In diesem Abschnitt geht es also ums Schwimmen. Und wo ließe sich das besser beobachten als am Beckenrand? Wer mit den nun aufgelisteten Gegenständen nicht durch den Einlass im Schwimmbad kommt, kann natürlich auch die heimische Badewanne verwenden oder im Zweifelsfall ein großes Gefäß mit Wasser. In jedem Fall lohnt es sich, zunächst einmal alles Mögliche ins Wasser zu werfen. Manches wird schwimmen, anderes untergehen, wieder anderes scheint im Wasser zu schweben. Schauen wir genauer hin.

COLADOSEN SCHWIMMEN ODER SCHWIMMEN NICHT

ORANGE IM BADEANZUG

WIR BENÖTIGEN DAZU:

eine Dose Cola light,
eine Dose normale Cola,
zwei Luftballons,
einen Rührstab,
einen Kunststoffbecher,
fünf Zuckerwürfel,
eine große Wanne mit Wasser,
eine Orange,
ein großes Gefäß,
zwei Spritzen,
eine Packung Knetmasse,
eine große Wanne,
Wasser.

DURCHFÜHRUNG:

1. Wir füllen die Wanne fast bis zum Rand mit Wasser.
2. Wir legen beide Coladosen in das Wasser.
3. Wir füllen Wasser in ein Glas und geben fünf Zuckerwürfel hinzu.
4. Wir füllen einen Ballon mit Leitungswasser und einen Ballon mit Zuckerwasser.
5. Wir legen die Ballons in die Wanne.

1. Wir befüllen die Wanne (soweit nicht schon geschehen) zu ⅔ mit Wasser.
2. Wir legen die ungeschälte Orange ins Wasser.
3. Wir schälen die Orange und entfernen auch die weiße Orangenhaut.
4. Wir legen die Orange zurück ins Wasser.
5. Wir wickeln Knete um das vordere und hintere Ende der beiden Spritzen.
6. Wir legen eine Spritze mit Luft aufgezogen und die andere nicht aufgezogen ins Wasser.

BEOBACHTUNGSAUFTRÄGE:

a) Warum schwimmt die Cola-light-Dose im Wasser?
b) Warum sinkt die normale Coladose zu Boden?
c) Was passiert, wenn wir einen mit Wasser gefüllten Luftballon ins Wasser legen?
d) Schwimmt der Luftballon auch noch, wenn er mit Zuckerwasser gefüllt ist?
e) Schwimmt der gefüllte Luftballon anders, wenn in das Wasserbecken vorher zusätzlich viel Salz gegeben wurde?

a) Warum schwimmt die Orange mit Schale, und warum sinkt die Orange ohne Schale?
b) Welche der mit Knete beschwerten Spritzen schwimmt, und welche sinkt?
c) Versuche die Spritzen so zu beschweren und aufzuziehen, dass sie einmal schwimmen, einmal im Wasser schweben und einmal untergehen.

Der Versuch mit den Coladosen zeigt anschaulich, worauf es beim Schwimmen ankommt. Auf die Größe jedenfalls nicht, denn beide Dosen sind ja gleich groß. Ein genauerer Blick auf die Dosen zeigt, dass auch die Füllmenge gleich ist. Was ist denn dann anders? Mit einer Küchenwaage können wir das genaue Gewicht der Dosen ermitteln. Tatsächlich ist die normale Coladose ein klein wenig schwerer als ihr diätetischer Kollege. Mit einigen weiteren Dosen können wir den Test wiederholen, und siehe da: Die »Light«-Varianten schlagen ihre gezuckerten Vertreter stets um einige Gramm. Es ist der Zucker, der ins Gewicht geht.

In der 250 Milliliter Coladose des Marktführers sind nach Herstellerangaben 27 Gramm Zucker enthalten. Ein genormter Zuckerwürfel wiegt etwa 3 Gramm. Das beliebte Getränk enthält derzeit in der Dose also neun Zuckerwürfel, in der 1,5-Liter-Flasche stecken 54 Zuckerwürfel, was immerhin fast einem Drittel einer handelsüblichen 500-Gramm-Packung Würfelzucker entspricht. Das Fass mit der gesunden Ernährung wollen wir hier aber gar nicht weiter aufmachen, es schwimmt nämlich nicht, der süße und »lockerleichte« »Milky Way«-Schokoriegel mit einer Dichte von etwa 0,88 Gramm pro Kubikzentimeter dafür schon.

Auch die gesündere Orange schwimmt nur, wenn wir sie nicht ihrer Schale berauben. Etwas in der Schale scheint das Schwimmen zu ermöglichen. Bei den Coladosen hatten wir bereits herausgefunden, dass es bei gleichem Volumen der Dosen mit dem Gewicht zu tun hatte. Bei der Orangenschale haben wir nun nur geringfügig am Gewicht geschält, dafür aber das Volumen verändert. Noch deutlicher wird das im Zusatzversuch mit den Spritzen. Zwei gleich beschwerte Spritzen werden zu Wasser gelassen, die eine aufgezogen, die andere eingeschoben. In der aufgezogenen Spritze befindet sich nur Luft. Das Volumen der Spritze ist dadurch deutlich größer als bei der eingeschobenen, während das Gewicht identisch ist. Genau genommen ist die aufgezogene Spritze durch die Luft in ihrem Innern sogar schwerer geworden, aber eben nur ein ganz klein wenig.

Beim mit Wasser gefüllten Luftballon wird das auch deutlich. Verwenden wir das gleiche Wasser wie in der Wanne, schwimmt der Ballon, füllen wir ihn dagegen mit Zuckerwasser, geht er in klarem Wasser unter. Der Versuch klappt in der süßen, aber auch in der salzigen Variante: Bei einer Salzwasserfüllung sinkt der Ballon ebenfalls. In einem Bassin mit Salzwasser sieht der gleiche Versuch nun wieder anders aus. Ist das Umgebungswasser salzig, schwimmen auch Ballons mit einer geringeren Konzentration an Salzwasser im hochprozentigen Kollegen.

Und zum Schluss erinnern wir uns noch einmal daran, dass auch wärmeres Wasser in kälterem Wasser aufsteigt. Wir schwimmen hier also immer wieder im Kreis um zwei zentrale Begriffe: das Gewicht und das Volumen. Der Physiker nennt das Verhältnis vom Gewicht zum Volumen eines Körpers die Dichte. Salopp formuliert, kann man sagen, dass dieses Verhältnis beschreibt, wie dicht gepackt etwas vorliegt. Wenn ein Schiff sinkt, kann man sonst auch davon sprechen, dass es nicht besonders dicht war. Schiffe sind wirklich nicht ganz dicht, aber eben physikalisch. Das Verhältnis von ihrem Gewicht zu ihrem Volumen ist nicht besonders groß, selbst wenn sie aus Stahl sind, bleibt ihre mittlere Dichte gering. Gase und Flüssigkeiten haben meist eine geringere Dichte als Feststoffe. Der Pups in der Badewanne besteht gerundet durchschnittlich aus: 65 Prozent Stickstoff, 20 Prozent Wasserstoff, 10 Prozent Kohlendioxid, 3 Prozent Methan, 2 Prozent Sauerstoff und etwas unter 1 Prozent Schwefelverbindungen und Sonstiges. Stickstoff mit einer Dichte von 1,250 kg/m^3, Wasserstoff mit einer Dichte von 0,0899 kg/m^3 oder Methan mit einer Dichte von 0,717 kg/m^3 steigen im Wasser auf. Stahl mit einer Dichte von rund 7900 kg/m^3 geht üblicherweise im Wasser unter. Erst wenn seine mittlere Dichte durch die Vergrößerung des Volumens, zum Beispiel auf die Größe eines Ozeanriesens mit vielen Freiräumen, herabgesenkt wird, schwimmt es auch. Werden die Freiräume bei einer Havarie geflutet, beginnt der Dampfer zu sinken.

Schon der griechische Gelehrte Archimedes beschäftigte sich vor etwa 2200 Jahren mit dem Phänomen, das man in der Physik »statischer Auftrieb« nennt: »Der statische Auftrieb eines Körpers in einem Medium ist genauso groß wie die Gewichtskraft des vom Körper verdrängten Mediums.«

Geht das unkomplizierter? Klar: Manche Dinge schwimmen im Wasser. Wenn wir etwas fallen lassen, bewegt es sich nach unten zur Erdoberfläche hin, das ist ein Naturgesetz. Die Schwerkraft unserer Erde, auch Erdanziehungskraft genannt, zieht alle Dinge in ihrem Umfeld an. Im Schwimmbecken gilt das ebenso. Wir fühlen uns aber im Wasser irgendwie leichter und unbeschwerter, was ein wesentlicher Grund dafür ist, dass das Aquajogging erfunden wurde. Das heißt aber natürlich nicht, dass wir an Gewicht verloren haben. Abnehmen geht nur mit körperlicher Leistung. Im Wasser arbeitet etwas gegen die Anziehungskraft der Erde und lässt Coladosen oder sogar Bowlingkugeln schwimmen. Wir tauchen auf der Suche danach ab und führen zwei weitere Versuche durch, die das illustrieren.

WASSER UNTER DRUCK

Kapitel 2: Ins kalte Wasser geworfen

DER KARTESISCHE TAUCHER

WIR BENÖTIGEN DAZU:

eine PET-Flasche,
eine Nadel,
ein Teelicht,
eine Wäscheklammer,
eine Aluschale,
einen Luftballon,
Klebestreifen,
Wasser.

Eine PET-Flasche,
ein Aromafläschchen,
eine Aluschale,
Wasser.

DURCHFÜHRUNG, VERSUCH 1:

1. Wir zünden das Teelicht an und halten die Nadel mithilfe der Wäscheklammer in die Kerzenflamme.
2. Wir stechen mit der heißen Nadel drei kleine, untereinander liegende Löcher in die Flasche, eines oben, eines in der Mitte und eines im unteren Viertel der Flasche.
3. Wir stellen die Flasche in die Aluschale und befüllen sie mit Wasser.

4. Wir befüllen einen Luftballon mit Wasser.
5. Wir kleben fünf Klebestreifen auf den Ballon.
6. Wir stechen je ein kleines Loch durch die Klebestreifen in den Ballon.

DURCHFÜHRUNG, VERSUCH 2:

1. Wir füllen die Flasche bis zum Rand mit Wasser.
2. Wir setzen das geöffnete Aromafläschchen kopfüber in die Flasche.
3. Wir verschließen die Flasche und drücken sie mit Daumen und Zeigefinger zusammen.

BEOBACHTUNGSAUFTRÄGE, VERSUCH 1:

a) Warum sehen die drei Wasserstrahlen unterschiedlich lang aus?
b) Warum sehen die Wasserstrahlen beim Ballon meist gleich lang aus?

BEOBACHTUNGSAUFTRÄGE, VERSUCH 2:

a) Warum bewegt sich das Fläschchen auf und ab, wenn wir die Flasche zusammendrücken? Wie verändert sich dabei die Luftblase in seinem Inneren?
b) Wie können nach diesem Prinzip ähnliche Taucher, z. B. aus einer Tintenpatrone oder einem Kugelschreiber, gebaut werden?

Nach der Dichte und dem Auftrieb kommen wir nun zu einem weiteren Begriff, dessen Bedeutung wir erfahren, wenn wir uns in tiefere Gewässer begeben: dem Druck.

Einen anschaulichen Eindruck liefert uns der Versuch mit der durchlöcherten Flasche. Drei Wasserstrahlen plätschern aus der Flasche heraus, bei genauerem Hinschauen erkennen wir jedoch Unterschiede. Der oberste Wasserstrahl ist kleiner als die weiter unten liegenden, und je mehr Wasser aus der Flasche läuft, desto kürzer werden die Wasserstrahlen. Ein Luftballon, möglichst kugelrund gefüllt, zeigt dagegen annähernd gleich lange Wasserstrahlen, wenn wir ihn anstechen. Wie ist das zu erklären? Schon im Schwimmbad spüren wir das nach einem Sprung ins Becken: Unter Wasser wirken größere Kräfte als an seiner Oberfläche. Der Wasserdruck, auch hydrostatischer Druck genannt, steigt gleichmäßig mit zunehmender Wassertiefe. Klar, denn je mehr Wasser von oben drückt, desto größer der Druck am Boden.

Das gilt für alle Gefäße, egal welche Form sie haben. Dem Physiker Blaise Pascal, nach dem später auch die Einheit des Drucks benannt wurde, gelang es, mit einer schmalen Wassersäule bis in die zweite Etage seines Hauses ein unten stehendes Fass zum Platzen zu bringen und damit den Wasserdruck in Abhängigkeit von der Füllhöhe zu beweisen. Er machte damals im 17. Jahrhundert noch viele weitere Experimente und kam zu gewichtigen Erkenntnissen. »Ein paar Gläser Wein können ein volles Weinglas zerstören.« Was nach einer Weinlaune klang, ging als hydrostatisches Paradoxon in die Wissenschaft ein. Springbrunnen und

Wassertürme wurden nach diesem Prinzip gebaut. Je höher die Füllhöhe des Reservoirs, desto höher der Druck am Boden und damit umso höhere Fontänen im Schlossgarten.

Gehen wir noch ein wenig ins Detail. Eine Säule aus Wasser mit einem Meter Höhe hat oben also einen geringeren Druck als unten. Der Druckunterschied beträgt etwa 9810 Pa (Pascal) oder 0,10 bar. Das, was wir als Druck fühlen, berechnet der Physiker als eine Kraft auf eine Fläche. Ein Bleistift, den wir zwischen zwei Fingern halten und dann von beiden Seiten gleichmäßig kräftig drücken, schmerzt mehr an der Seite, auf der er angespitzt ist. Die Kraft mag auf beiden Seiten gleich sein, doch die Fläche, auf die die Kraft wirkt, ist es nicht. Der Druck auf der spitzen Seite des Stiftes ist also größer. Aua!

In einer Formel ausgedrückt, bedeutet Druck p (Englisch für pressure) demnach die Kraft F (force) auf einen Flächeninhalt A (area).

$$p = F \div A$$

Im Wasser sind nun weitere Faktoren für den Druck verantwortlich. Die Größe des Drucks steigt gleichmäßig mit der Höhe h, mit der Erdbeschleunigung g (gravity) und mit der Dichte (rho) des Wassers.

$$p = \rho \cdot g \cdot h$$

Stellen wir nun die erste Formel so um, dass sie uns die Kraft bei einem bestimmten Druck anzeigt, kommt folgende Formel heraus:

$F = p \cdot A$

Für den Druck geben wir nun die bekannten Größen aus der anderen Formel ein.

$F = \rho \cdot g \cdot h \cdot A$

Wir sehen in der Formel sofort: Wenn die Dichte und die Erdbeschleunigung am Schwimmbeckenboden gleich bleiben (was wir schwer hoffen wollen), spielen nur die Höhe des Wassers und die Größe der Bodenfläche eine Rolle. Was bedeutet: Ist der Boden gleich groß, dann herrscht bei höherer Wassersäule ein höherer Druck. Das Wasser in unserem Versuch mit der perforierten PET-Flasche wird also mit einer größeren Kraft am Boden herausgepresst. Weiter oben ist der Druck geringer und somit der Wasserstrahl kürzer. Im Ballon sehen wir fast gleich lange Wasserstrahlen, weil diese Gesetze dort zwar auch gelten, aber das Gummi des Ballons weitere Kräfte ausübt. Das Gummi des Ballons sorgt für einen nahezu gleichmäßigen Druck im Ballon. Schon beim Befüllen fällt auf, dass ein Druck im Wasser vorherrschen muss, um den Ballon auszudehnen. Der gespannte Ballon übt nun eine Kraft auf das Wasser aus, die zu einem nahezu gleichmäßig verteilten Druck im Wasser führt.

Für unsere Flasche gilt aber: Nur die Höhe des Wassers und die Größe der Bodenfläche spielen eine Rolle. Erstaunlich an dem Paradoxon ist, dass selbst ein kleiner Schlauch von 5 Millimeter Breite, der eine 10 Meter Wassersäule über einem Becken erzeugt, den Druck am Boden so weit erhöht, dass ein Taucher sich wie 10 Meter tief im Ozean fühlen würde. Wer es nicht glauben kann, kann ja mal einen Selbstversuch mit einem Stück heimischen Gartenschlauch, der gefüllten Regentonne und einer Leiter zum Garagendach machen. Ein Proband taucht, der andere hält den befüllten Schlauch vom Dach in die Regentonne. Das macht auf jeden Fall mehr Spaß, ist aber auch nicht ungefährlich. Sollte also nicht von Kindern oder alleine probiert werden. Vielleicht reichen die Versuche in diesem Buch hier auch aus, um Blaise Pascal Glauben zu schenken. Der Druck in der Tonne wird zunehmen. Der Druck, und damit die Kraft, breiten sich eben gleichmäßig im Wasser aus, was uns im zweiten Teil des Versuches auch von unserem aromatischen Taucher demonstriert wurde. Eine kleine Glasflasche steigt oder sinkt, je nachdem, wie stark wir von den Außenseiten auf das sie umgebende Wasser drücken. Der Physiker René Descartes durfte Namensgeber dieser kleinen Flaschen-, Tanz-, Dreh- oder auch Wasserteufel sein (der »kartesische Taucher« stammt von der latinisierten Version seines Namens, Renatus Cartesius). Angeblich wurden sie 1640 von ihm entdeckt und erfunden, so ganz genau steht das aber nicht fest. Der Italiener Raffaello Magiotti beschrieb das Phänomen 1648 ebenfalls.

Wie dem auch sei, eine Figur oder Flasche mit Hohlraum schwimmt gerade noch so auf dem Wasser. Das Volumen der Luft in der Flasche reicht aus, um sie schwimmen zu lassen. Durch Drücken auf einen flexiblen Flaschendeckel (oder wie in unserem Versuch auf die Wand der Plastikflasche) wird der Druck in der Wasserflasche erhöht. Wasser hat die Eigenschaft, bei Druckeinwirkung bei seinem Volumen zu bleiben, es lässt sich nicht komprimieren. In 12 000 Metern Tiefe weist Wasser eine Dichte von 1051 kg/m³ statt 1000 kg/m³ auf, was etwa einem 5,1 Prozent höheren Druck entspricht. Kurzum: Wasser kann für uns erst einmal als inkompressibel, oder sagen wir: sehr, sehr, sehr schwer kompressibel angesehen werden. Der Druck, den wir durch das Zusammendrücken der Plastikflasche ausüben, wird also eins zu eins weitergeleitet. Die Volumenänderung an den Flaschenrändern wird quasi direkt in den kleinen Luftraum geschoben, was bedeutet: Der Luftraum wird kleiner, und die Figur sinkt.

Beim Loslassen kann sich die Luft wieder ausdehnen, das Volumen wird größer und somit die Dichte wieder geringer – der Teufel schwimmt. Wer ein bisschen übt, findet schnell ein Gleichgewicht, bei dem der Flaschenteufel im Wasser schwebt. Wer für den Versuch keine Flasche oder keinen Flaschenteufel zur Hand hat, kann übrigens auch mit Ketchup-Tüten, Streichholzköpfen oder Apfelsinenschalen eine ganze U-Boot-Armee basteln.

Schwimmen oder nicht schwimmen, das ist hier die Frage

Von Descartes gehen wir mit unserem Wissen nun wieder zurück zum alten Archimedes und der Frage, warum Dinge je nach ihrer Dichte nun im Wasser schwimmen oder eben nicht. Archimedes war einer der einflussreichsten Denker seiner Zeit, und viele Geschichten befassen sich mit seinen Entdeckungen. So wie Newton der legendäre Apfel nicht auf den Kopf fiel, wird wohl auch der alte Grieche kaum in der Badewanne auf seine Idee und den Ausruf »Heureka!« (Ich habe es gefunden!) gekommen sein. Aber eine schöne Vorstellung ist es allemal.

Stellen wir uns also vor, Archimedes wurde von König Hieron II. beauftragt zu klären, ob dessen Krone wirklich aus Gold besteht, und zwar ohne die Krone dabei zu zerstören. In der Badewanne darüber grübelnd, fiel dem antiken Forscher nun auf, dass er beim Einsteigen in die volle Wanne Wasser verdrängt hatte, das daraufhin auf den Boden ausgelaufen war. Es folgte das »Heureka!« und weitere Messungen mit der Goldkrone. Wenn man diese in ein volles Wasserbecken legt, schwappt es ebenfalls über. Das übergelaufene Wasser fing Archimedes auf. Die Krone wog er und legte dann ein Stück Gold mit gleichem Gewicht ins Wasser. Da die Dichte für jeden Stoff immer gleich ist, müsste bei gleichem Gewicht auch das gleiche verdrängte Wasservolumen herauskommen. Kam aber nicht. Die Krone sah zwar so aus, war aber gar nicht aus Gold!

Das archimedische Prinzip, wonach der Auftrieb der verdrängten Wassermenge, genauer: der Gewichtskraft der verdrängten Wassermenge entspricht, wird gerne zur Begründung des Auftriebs angeführt. So richtig klärt das aber noch nicht, was in der Wanne stattfindet. Wir denken uns da lieber einen kleinen Würfel, der unter der Wasseroberfläche schwimmt, Archimedes' würfelförmiges Seifenstück meinetwegen. Der Druck auf dieses Seifenstück kommt von allen Seiten. Von allen Seiten wirken Kräfte auf den Würfel. Auf gleicher Höhe sind die Kräfte von links, rechts, vorne und hinten gleich groß, weil der Druck identisch ist. Zwischen der Oberseite und der Unterseite des Würfels besteht aber ein Höhenunterschied – und somit auch ein Druckunterschied. Weiter unten im Wasserglas wirken also größere Kräfte nach oben auf den Würfel als über dem Würfel nach unten. Je größer der Höhenunterschied, desto größer der Druckunterschied. Stellen wir uns nun vor, Archimedes' Wanne wäre ein ganzer Pool und der Würfel darin hätte in jede Richtung eine Seitenlänge von einem Meter. Physiker nehmen immer so verrückte Beispiele, um besser mit den Einheiten rechnen zu können. Wer würde sonst einen Kubikmeter Seife kaufen?

Wir haben schon gelernt, dass eine Wassersäule von einem Meter Höhe einen Druckunterschied von 9810 Pascal erzeugt. Schwimmt der Würfel von Archimedes nun in einem Meter Tiefe, herrscht auf seiner einen Quadratmeter großen Oberseite ein Druck von eben diesen 9810 Pascal, oder anders formuliert: Eine Kraft von 9810 Newton wirkt von oben auf diesen Quadratmeter. (Zur Erinnerung: Druck bedeutet Kraft pro Fläche.) An der Unterseite, die einen Meter weiter unter im Wasser liegt, herrscht ein höherer Druck. Die Wassersäule über der Unterseite des Würfels ist zwei Meter hoch. Der Druck dort ist also $2 \cdot 9810$ Pascal hoch, also 19.620 Pascal oder eben eine Kraft von 19.620 Newton pro Quadratmeter. Die Kraft, die von unten nach oben drückt, den Würfel also nach oben »auftreibt«, nennen wir Auftriebskraft. In unserem Beispiel sind es immerhin 9810 Newton, die übrig bleiben, wenn wir die oben wirkenden Kräfte mit den unten wirkenden Kräften vergleichen:

Kraft von unten – Kraft von oben = Auftriebskraft

Aber warum schwimmt jetzt das eine oder andere Stück Seife doch nicht? Also: Erst einmal nimmt die Auftriebskraft mit der Größe des verdrängten Volumens zu, weil die Druckunterschiede dadurch größer werden. Dann wirken aber noch weitere Kräfte. Das Stück Seife in unserem Beispiel hat eine Gewichtskraft. Ist das Gewicht des Seifenwürfels kleiner als die Auftriebskraft, dann schwimmt der Würfel. Die Auftriebskraft konkurriert also mit dem Gewicht, das zu Wasser gelassen wird. Mit einem Stück Alufolie oder, noch besser, mit einem Stück Knete, lässt sich das nun ganz real erfahren.

Ein großes Knetboot verdrängt viel Wasser, generiert damit eine große Auftriebskraft und liefert wenig Gewicht dagegen. Klumpen wir das Boot aber zusammen, wird weniger Volumen verdrängt, und die Auftriebskraft ist geringer. Die Auftriebskraft ist dann nicht mehr ausreichend, um das Gewicht des Knetballs im Wasser zu halten – er sinkt nach unten. Die Dichte gibt also tatsächlich den Ton an, sowohl beim Objekt als auch im Wasser. Wird dessen Dichte durch Salz oder Zucker erhöht, ändert sich der Druck und somit der Auftrieb. Das Tote Meer hat genau aus diesem Grund einen statischen Auftrieb, der keiner weiteren Bewegung bedarf. Wir können dort regungslos schwimmen wie der Schokoriegel in der Milch.

Ist die Dichte nur geringfügig verschieden zueinander, schwimmen oder sinken auch Flüssigkeiten untereinander. Warmes Wasser steigt in kaltem Wasser auf, Gleiches gilt auch für Wein. Die Cocktailbars dieser Welt wären ohne Archimedes' Prinzip des Auftriebs wahrscheinlich deutlich weniger reizvoll. Ein

Lieblingsdrink unter Chemikern (in meinem Umfeld jedenfalls) ist der B52, kurz »Bifi«, ein kurzer Drink mit dramaturgischer Legende. Vorsichtig wird mit einem Barlöffel Cremelikör auf Kaffeelikör gegossen. Den Abschluss macht Grand Marnier oder Over-Proof-Rum (Over Proof bezeichnet einen Alkoholgehalt von mehr als 57 Prozent). Alle drei Schichten stapeln sich übereinander, ohne sich zu vermischen, und werden vor dem Trinken angezündet, wodurch sich auch der Name B52, ein Jagdbomber aus dem Vietnamkrieg, der Brandbomben abwarf, ableitet. Lecker und gefährlich, wenn man das Auspusten vergisst. In jedem Fall viel hochprozentige Physik und Chemie!

Pascal, Descartes, Archimedes – so langsam füllt sich das Schwimmbad mit Prominenz. Zwei weiteren, wenn auch fiktiven Berühmtheiten hätte das entsprechende Wissen über Wasser, Dichte und Auftrieb zu einem Happy End verhelfen können. Im Zweifel kann das Wissen über den Zusammenhang von Dichte, Volumen, Gewicht und Auftrieb nämlich das ganze Leben verändern, es sogar retten. Besonders tragisch war das beim Untergang des ohne Zweifel bekanntesten Ozeanriesen überhaupt. Die *RMS Titanic*, 1912 das größte Schiff der Welt, sank bei ihrer Jungfernfahrt durch die Kollision mit einem Eisberg. Der Regisseur James Cameron machte aus dieser Tragödie einen der erfolgreichsten Hollywoodfilme aller Zeiten. Nach dem Untergang im Film treiben Leonardo DiCaprio als Passagier Jack und seine Filmliebe Rose, gespielt von Kate Winslet, im eisig kalten Ozean. Die junge Liebe findet ein trauriges Ende, weil auf dem treibenden Holz nur Platz für Rose ist. Der erfrorene Jack findet seine letzte

Ruhe am Grund des Meeres. Mit der richtigen Strategie wäre das Ende des Film weniger tränenreich und die Protagonisten ein glücklich alterndes Paar. Eine Schülergruppe aus Australien fand mithilfe von Materialdaten und Abmessungen der schwimmenden Holztür, dem Salzgehalt des Wassers und dem Volumen der Sicherheitswesten, die beide tragen, heraus, dass die Platzierung der Westen unter der Tür genug Auftrieb generiert hätte, um das Gewicht beider Personen zu tragen. Klar hat man in solch einer Situation nur selten einen Taschenrechner zur Hand und bei –2 Grad auch nur wenig Zeit zum Basteln und Bauen, was den Ausgang der Tragödie erklärt. Ein gelungener Versuch hätte Jack jedoch das Leben gerettet.

Geladene Gäste, Schokoladenchips und andere Katastrophen

Viele Eigenschaften des Wassers haben wir schon ergründen können, einige mehr erwarten uns noch, wenn wir im nun folgenden Abschnitt noch ein wenig genauer hinschauen. Um genau zu sein: Jetzt schauen wir ganz genau hin, sozusagen auf den feinsten Tropfen Wasser, das einzelne Diwasserstoffmonoxidmolekül.

Zwei Atome Wasserstoff, die sich mit einem Atom Sauerstoff verbunden haben, machen ein einzelnes Molekül Wasser aus. Dieses Pärchen sorgt durch seine Zusammensetzung für eine Vielzahl weiterer Eigenschaften: Wasser hat eine Haut, Wasser löst bestimmte Stoffe, und Wasser kommt als eine der wenigen Verbindungen in allen drei Aggregatzuständen auf unserer Erde vor: als flüssiges Wasser, festes Eis oder gasförmiger Wasserdampf. Wer kennt einen anderen Stoff, für den all das gilt und dabei auch noch so gut den Durst löscht?

All diese Eigenschaften nutzt auch das Leben auf unserer Erde und damit wir, die wir auch zu großen Teilen aus Wasser bestehen. Mageres Muskelgewebe besteht in seinen Zellen zu etwa 75 Prozent aus Wasser, Blutplasma zu 90 bis 95 Prozent. Selbst Körperfett und Knochen bestehen noch zu 22 bis 25 Prozent aus Wasser. Mithilfe von Wasser zirkulieren Kreisläufe in unserem Körper und transportieren Stoffe an die richtigen Stellen. Blut, Lymphe, Speichel, Magensaft, Galle und Bauspeicheldrüse, Urin, Schweiß und Tränen – alles hängt von den Eigenschaften des Wassermoleküls ab. Klingt vielseitig und kompliziert? Wir machen uns das Wesentliche mit einem einfachen Experiment klar.

WASSER WIRD ABGELENKT

WIR BENÖTIGEN DAZU:

einen Luftballon oder
einen Strohhalm,
einen Wollpullover,
ein Lineal oder einen Kamm,
ein Glas,
einen Wasserhahn und
ein Spülbecken.

DURCHFÜHRUNG:

1. Wir stellen einen feinen Wasserstrahl am Wasserhahn ein.
2. Wir reiben einen aufgeblasenen Luftballon oder Strohhalm an einem Wollpulli.
3. Wir halten den Ballon an den Wasserstrahl.

BEOBACHTUNGSAUFTRÄGE:

a) Wie weit lässt sich der Wasserstrahl mit verschiedenen weiteren Materialien, z. B. Lineal oder Kamm ablenken?

b) Lässt sich der Wasserstrahl mit anderen Materialien, z. B. Glas auch in andere Richtungen ablenken?

Sich die Haare zu Berge stehen lassen, kann doch jeder. Aber einen Wasserstrahl mit einem Strohhalm ablenken, das ist für viele neu. Bei den hochstehenden Haaren in der Nähe des Luftballons spielt die Elektrostatik eine Rolle. Eigentlich sind Stoffe in unserem Alltag im Allgemeinen nicht geladen. Reibung scheint das aber ändern zu können. Sicher kennt auch jeder das Gefühl, wenn man mit Plastikschuhen beziehungsweise Gummisohlen auf einem Teppich gegangen ist und dann bei nächster Gelegenheit »eine gewischt« bekommt.

Der kleine Stromschlag, der durch unseren Körper jagt, ist ein Phänomen, das bei bestimmten Stoffen auftritt. Thales von Milet hatte noch keine Gummisohlen unter den Füßen, entdeckte das Prinzip aber schon 550 v. Chr. an Bernsteinen. Das Plastik im Luftballon oder im Strohhalm lässt sich ebenfalls aufladen. Die Ladung ist keine Zauberei, sondern beruht auf einer ganz grundsätzlichen Eigenschaft, die allen Stoffen innewohnt. Wir haben die kleinsten Teile aller Stoffe ja bislang nur in ihrem allgemeinen Verhalten betrachtet, wie sie sich mit anderen Atomen verbinden oder trennen. Warum das so ist, haben wir noch nicht besprochen. Haben wir bislang die Atome als kleinste Teilchen wahrgenommen, so müssen wir nun noch genauer hinschauen. Wie in einem Schokoladenei mit Spielzeugfüllung sind nämlich auch die Atome aus weiteren noch kleineren Teilchen aufgebaut.

Wesentlich für den Chemiker sind neben vielen weiteren aufregenden Mikropartikeln drei Bestandteile des Atoms: Protonen, Neutronen und Elektronen. Die beiden Erstgenannten befinden sich gebündelt mit vielen Artgenossen im Zentrum eines Atoms. Man kann sich das Bündel wie einen Pfirsichkern im Pfirsich vorstellen. Das Proton ist elektrisch geladen, das Neutron hat keine elektrische Ladung. Um diesen Kern herum bewegt sich ein drittes Teilchen, das eine genau entgegengesetzte elektrische Ladung zum Proton hat: das Elektron (bedeutet im Altgriechischen so viel wie Bernstein). Physiker geben dem Proton für seine elektrische Ladung ein Pluszeichen, das Elektron erhält ein Minuszeichen.

In einem einfachen Atom finden sich, wie gesagt, zahlreiche dieser positiven und negativen Kollegen. Es ist auch viel Platz für alle da. Ein Atom hat einen Durchmesser von etwa 0,0000001 Millimeter, der Atomkern ist etwa 100.000-mal kleiner. Stellen wir uns den Atomkern als ein Meter große Kugel vor, dann hätte das ihn umgebende Atom einen Radius von 50 Kilometern, was immerhin in etwa die Strecke von Hamburg an die Ostsee ist. In diesem großen Bereich halten sich nun zahlreiche Elektronen auf, je nachdem, wie viele Protonen ein Atom hat. Im Wasserstoffatom, dem kleinsten aller Atome, kommt auf ein Proton im Kern ein Elektron in der Hülle. Im Uranatom sind es schon 92 Protonen und 92 Elektronen, und im Oganesson, dem derzeit größten bekannten chemischen Element, sind es 118 Protonen und 118 Elektronen.

Die Neutronen spielen für die meisten chemischen Eigenschaften eine untergeordnete Rolle. Die Chemie ist eine Party nur für (Achtung, Wortspiel!) geladene Gäste. Der etwas größere Bogen führt uns nun zu Bernstein, Plastik und Wasser zurück. Durch Reibung, manchmal sogar schon durch leichte Annäherung oder durch Lichtteilchen, lassen sich einige Elektronen zum Austritt aus ihrem Atom bewegen. Da sich in Atomen zuweilen sehr viele Elektronen aufhalten, kommt es immer wieder zu Ladungsunterschieden, bei denen an einer Stelle (zu) viele Elektronen zu einer negativen Ladung und (zu) wenige Elektronen zu einem Protonenüberschuss und damit zu einer positiven Ladung führen. Diese elektrischen Ladungen haben die Eigenschaft, gegensätzliche Ladungen anzuziehen.

In unserem Wassermolekül H_2O sind wie in allen anderen Atomen aufgrund der Protonen und Elektronen ebenfalls positive und negative Ladungsschwerpunkte vorhanden. In einem sehr einfachen Atom würden sich diese Ladungen gleichmäßig verteilen, positive Ladung im Kern, negative Ladung in der Atomhülle. In miteinander verbundenen Atomen, wie hier im Wassermolekül, halten sich die Elektronen aber nicht immer gleichmäßig verteilt in der Atomhülle auf. Es gibt bestimmte Bereiche, in denen sich die Elektronen aufhalten, so wie wir damals auf dem Schulhof auch unseren Lieblingsplatz hatten. Bereit für ein weiteres Profifachwort? Der Chemiker nennt diese Aufenthaltsbereiche der Elektronen: Orbitale. Das Wassermolekül hatten wir eingangs als Mickymaus bezeichnet, die aus zwei Kugeln Wasserstoff und einer Kugel Sauerstoff besteht. Wenn wir jetzt genauer hinsehen, erkennen wir: Ein Wassermolekül besteht nicht aus frei beweglichen Kugeln, die aneinanderkleben – die drei Partner stehen in einem exakten Winkel von 104,5 Grad zueinander, also ein wenig weiter als der rechte Winkel, der gemeinhin aus den meisten Ecken und Kanten im Haushalt bekannt ist. Die Orbitale, also die Aufenthaltsbereiche der Elektronen, überlappen sich im Molekül, und das eben nicht irgendwo, sondern nur an ganz bestimmten Punkten.

Auf dem Schulhof sorgte das Überlappen von Aufenthaltsbereichen meist für Konflikte, im Wassermolekül für eine feste, im Raum orientierte Bindung. Man kann sich das aber auch so vorstellen: Auf dem Schulhof ist in unserem Aufenthaltsbereich noch Platz frei. Wenn nun weitere Schüler vorbeikommen, um eine Runde Fußball zu spielen, ist es doch recht, wenn man zusammen spielt. Die Aufenthaltsbereiche der beiden Fußballteams beginnen dann sich zu überlagern. Ist der eigene Aufenthaltsbereich aber schon voll genug, wird das fremde Team weggeschickt. Mit der Bindung ist das nun mal so eine Sache auf dem Schulhof.

Stellen wir uns in Bezug auf unser Wassermolekül noch ein einfaches Bild vor, bei dem das Sauerstoffatom zwei Arme links und rechts um je ein Wasserstoffatom gelegt hat. Zu dritt bildet das Dreierteam wieder den vertrauten Winkel von 104,5 Grad. Die Arme sind in diesem Bild die Aufenthaltsbereiche von Elektronen des Sauerstoffatoms, in denen noch Platz für weitere Elektronen ist. Die Wasserstoffatome haben auch solche nicht voll besetzten Orbitale. Man teilt sich den Raum, um gemeinsam über mehr Elektronen zu verfügen und die nicht voll besetzten Bereiche zu füllen. Die genaue Begründung geht auf Entdeckungen der Quantenphysik zurück, die zu erklären hier eindeutig zu weit führen würde. Machen wir uns die Belegung lieber mit einer Alltagsanalogie klar. In einem Bus, der sich von Station zu Station mit Fahrgästen füllt, werden zuerst meist einzelne Plätze besetzt. Eine freie Bank wird einer schon einfach besetzten Bank vorgezogen, und ein bereits besetzter Platz kann nur von der netten alten Dame neu besetzt werden. Sind alle freien Bänke mit einem Elektron bzw. einem Gast voll, werden die halb vollen Bänke weiter befüllt. Ist das Eis erst einmal gebrochen, sitzt es sich mit Partner auf der Bank viel kurzweiliger, und die Busgesellschaft macht mehr Gewinn. So ist es auch bei den Elektronen. Sind die Orbitale voll befüllt, ist es für das für das Atom energetisch günstiger als bei freien Plätzen. Manche Atome können ihre leeren Plätze wie »Gangster« füllen und nehmen einfach die Elektronen von anderen, »schwächeren« Atomen an sich. Andere etwa gleich starke Atome, der Chemiker spricht hier nicht von Stärke sondern von Elektronegativität, teilen sich Elektronen, um die freien Plätze zu belegen. So machen es auch Sauerstoff und Wasserstoff. Sie teilen sich Platzreihen oder genauer Aufenthaltsbereiche (Orbitale), die nur einfach besetzt waren. Das Sauerstoffatom hat zwei davon, die es wie zwei Arme von sich streckt, das Wasserstoffatom hat eines, das kugelförmig um seinen Kern liegt. Zwei Wasserstoffatome nehmen sich der leeren Arme an, womit wir auch begründen konnten, warum Wasser immer als H_2O vorkommt. Das dicke Ende kommt aber erst, und zwar am hinteren Ende des Sauerstoffatoms, dessen Orbitale dort voll besetzt sind mit den elektrisch negativ geladenen Elektronen. Man muss dazu wissen: Die Elektronen halten sich nicht nur in bestimmten Bereichen um die Atome, sondern in mehratomigen Partnerschaften auch unterschiedlich häufig bei den einzelnen Atomen auf.

Wir lernten soeben, dass die Protonen als Ladungsgegenpart zu den Elektronen fungieren und sich Verbindungen von Atomen untereinander Elektronen teilen. Gerecht geht es dabei aber kaum zu, sondern eher nach dem Gesetz des Stärkeren. Die Anziehung der Protonen wirkt sich auf die Elektronen aus. Beim Sauerstoffatom befinden sich mehr Protonen als beim Wasserstoff. Die Elektronen im geteilten Aufenthaltsbereich sind somit häufiger beim Sauerstoff als beim Wasserstoff. Die Verbindung zwischen beiden nennen Chemiker »polar«, sie ist ein wenig polarisiert, hat Ladungsunterschiede: beim Sauerstoffatom etwas negativer, an den Enden der Wasserstoffatome etwas positiver.

Dann befindet sich am hinteren Ende des Sauerstoffatoms auch noch ein Bereich, in dem sich mehrere Elektronen des Sauerstoffs aufhalten. Ihr Aufenthaltsbereich ist voll besetzt und hat mit den Teilen im vorderen Bereich nichts zu tun. Halten wir für einen Augenblick Folgendes fest: Wir haben mit dem Wassermolekül eine feste Dreiecksstruktur, deren hinteres Ende am Sauerstoff negativ und deren vordere Enden am Wasserstoff positive Ladungsbereiche enthalten.

Wozu nun die ganze Reise durch die Teilchenwelt? Diese kleinen, permanenten Doppelladungen, auch Dipole genannt, haben wir im Experiment vorhin entdeckt. Das Reiben des Strohhalms ließ negative elektrische Ladung in Form von Elektronen auf dem Strohhalm zurück. Diese zusätzlichen Elektronen in unserem Strohhalm sind nicht nur negativ geladen, sie können die Wassermoleküle ausrichten und anziehen. Das sind alles Vorgänge der Elektrostatik, die ein eigenes Kapitel wert sind. Hier sei nur kurz erwähnt, dass sich die unterschiedlichen elektrischen Ladungen anziehen und gleiche Ladungen sich abstoßen. Die Wassermoleküle werden mit ihren Doppelladungen also gedreht und dann angezogen. Siehe weiter oben. Bei einem kurzen Abstand zog der geladene Strohhalm die Enden der Dipole an. Das passiert übrigens unabhängig von der Ladung des Stabes. Ein positiv geladener Glasstab lässt die Moleküle sich einfach anders herum ausrichten und zieht dann die andere Seite an. Ein Vergleich mit einem feinen Strahl Alkohol oder Petroleum macht den Dipolcharakter des Wassers noch deutlicher. Diese Stoffe lassen sich kaum oder gar nicht ablenken. Sie haben einen ganz anderen Aufbau als das Wassermolekül und keinen Dipol. Was nun die kleinen Dipole im Wasser-Verbund zu leisten imstande sind, schauen wir uns in einem weiteren Experiment an. So viel Wissenschaft macht durstig. Wie wäre es jetzt mit Hefeweizen oder einer Brausetablette?

WIR SAMMELN GAS IM HEFEWEIZENGLAS

WIR BENÖTIGEN DAZU:

eine Glasschüssel,
ein Hefeweizenglas,
einen Trichter,
einen Bierdeckel,
einen Filzstift (Permanentmarker),
eine Packung Brausetabletten,
Wasser.

DURCHFÜHRUNG:

1. Wir füllen die Glasschüssel zu zwei Dritteln und das Bierglas randvoll mit Wasser. Wir legen den Bierdeckel auf das volle Bierglas. Mit Vorsicht drehen wir das Bierglas so um, dass es kopfüber in der Glasschüssel steht. Der Bierdeckel verhindert, dass das Wasser ausläuft.
2. Wir nehmen eine Brausetablette, heben das gefüllte Hefeweizenglas unter Wasser leicht an und halten die Brausetablette so unter das Glas, dass die aufsteigenden Gase im Glas aufgefangen werden. Ein Trichter über der Tablette kann dazu beitragen, dass das Gas im Glas landet.

3. Nach diesem Versuch markieren wir den Wasserstand im Weizenglas mit dem wasserfesten Filzstift und sammeln das Gas einer zweiten Brausetablette im Glas.

BEOBACHTUNGSAUFTRÄGE:

a) Wie viel Gas wird durch die Reaktion der Brausetabletten mit dem Wasser frei?
b) Wird die gleiche Menge Gas bei der ersten und zweiten Brausetablette frei?
c) Ändert sich die Menge an frei gewordenem Gas bei weiteren Brausetabletten?

Tiere, die im Wasser leben, brauchen genauso Sauerstoff zum Atmen wie alle Tiere an Land. Dass die meisten See-, Fluss- und Meeresbewohner dazu ihre Kiemen benutzen, ist wohl kein Geheimnis. Doch woher nehmen sie den Sauerstoff? Stammt er aus dem Wassermolekül und wird es in den Kiemen chemisch zersetzt? Könnte man meinen, doch die Antwort lautet Nein, denn das Pärchen zu trennen benötigt zu viel Energie, und so greifen die im Wasser lebenden Tiere auf den viel einfacher zugänglichen zwischen den Wassermolekülen gelösten Sauerstoff zurück.

Schauen wir in einen Kochtopf mit siedendem Wasser auf dem Herd, fällt schnell auf, dass alsbald Gasblasen aufsteigen, zunächst kleine, dann deutlich größere, und schließlich brodelt der ganze Topfinhalt. Mit Blick auf das Thermometer fällt auf: Die ersten im Topf aufsteigenden kleinen Blasen können kein Wasserdampf sein. Die Temperatur ist dafür noch zu gering, sie liegt weit unter der Siedetemperatur des Wassers von 100 Grad Celsius.

Schon bei der Siedetemperatur spielt die Form des Wassermoleküls eine Rolle. Seine gewinkelten Dipole sorgen für einen besseren Zusammenhalt. Die Ladungen und Winkel der Wassermoleküle halten aber nicht nur zusammen, sie lassen feine Strukturen untereinander entstehen, die der Chemiker Wasserstoffbrücken nennt. Die leicht positiv geladenen Wasserstoffenden eines Wassermoleküls ordnen sich leicht negativ geladenen Enden der Sauerstoffatome anderer Wassermoleküle zu. Von oben sehen die Wassermoleküle im Topf aus wie gewinkelte Dreiecksspitzen, die sich zu immer neuen Vielecken zusammenfinden und wieder voneinander lösen. Die Kräfte zwischen ihnen sind bei Raumtemperatur nicht stark genug für eine feste Bindung. Im dreidimensionalen Raum findet dieser Tanz in alle Richtungen statt. Drei bis vier solcher Wasserstoffbrücken gehen von einem Wassermolekül zu seinen Nachbarn aus. Am Ende steht ein alles übergreifendes Netzwerk von Tetraedern, die wieder leicht zerfallen und sich dann neu anordnen. Je heißer der Topf, desto schneller geht dieser Tanz vonstatten.

Wir sprachen bereits darüber, dass Wasser viel Energie aufnehmen kann. Die Bindung zu den Nachbarn muss erst einmal gelöst werden, das verbraucht Energie. Beim Verdampfen, also dem Wechsel in den Gaszustand, und der Flucht einzelner Moleküle aus dem flüssigen Verbund muss noch deutlich mehr Energie aufgewendet werden. Der Chemiker sagt dazu: Die sogenannte Verdampfungsenthalpie des Wassers ist wie die spezifische Wärmekapazität des Wassers deutlich höher als bei vergleichbaren Flüssigkeiten, die keine Wasserstoffbrücken ausbilden. Bildhaft gesprochen, heißt das, dass man als gewinkeltes Dipolmolekül eben sehr stark an seinen Nachbarn im Kochtopf hängt.

Die ersten aufsteigenden Blasen im Kochtopf sind daher kein gasförmiges Wasser, sondern in unserem Kochwasser gelöste Gase, z. B. Kohlenstoffdioxid oder Sauerstoff, die hier unter der steigenden Hitze, also eifriger werdender Teilchenbewegung, entweichen.

WASSERMOLEKÜLE IM SCHOKOLADENMODELL

Die Lösung: Von Schokochips und Brause lernen

Wir hatten schon hochprozentige Physik und Chemie, jetzt wird es zur Abwechslung mal wieder süß. Im Supermarkt gibt es Schokoladenchips, deren Form an ein offenes Dreieck erinnert. Wer mag, legt jetzt mal eine solche Packung aus. An die jeweils positiven Enden eines Chips können sich negative Enden aus der Mitte des Chips anlegen. Das geht natürlich auch mit anderen V-förmigen Dingen, wahrscheinlich nur weniger lecker.

Es fällt auf, dass zwischen den V-förmigen Chips, und so auch zwischen den V-förmigen Wassermolekülen, Freiräume bleiben. Im dreidimensionalen Raum zeigen sich noch mehr Räume zwischen den Molekülen. Hier ist also Platz für das ein oder andere. In unserem Experiment im Hefeweizenglas haben wir Gase aus der Brausetablette im Wasser aufgefangen. Die Mengen des aufgefangenen Gases variierten. Die erste Brausetablette ergab weniger Gas im Glas als die zweite Brausetablette und weitere Tabletten. Wie kann das sein?

Bereit, in die Tiefen der Brause abzutauchen? Gehen wir davon aus, dass die Brausetabletten sich in ihrer Zusammensetzung nicht ändern. Ein Blick auf die Verpackung verrät: Brausetabletten enthalten als Hauptzutaten Natriumhydrogencarbonat und eine feste Säure, meistens Zitronen- oder Weinsäure. Säuren sind dem Wassermolekül ähnlich, auch sie haben Wasserstoff in ihrem Molekül, und auch hier gibt es ungerecht verteilte Elektronen und polare Bindungen. Die Ungerechtigkeit geht hier so weit, dass sich das Wasserstoffatom einer Säure in Wasser sofort dazu entschließt, das Molekül zu verlassen und sich dem negativen Teil des Wassermoleküls zu nähern. Das führt dazu, dass Wassermoleküle mit zusätzlich angelagerten Wasserstoffatomen entstehen, die aufgrund ihrer Ladung weitergeleitet werden.

In unserem Brausewasser gehen nun also positiv geladene Wasserstoffatome auf Wanderschaft durch die Freiräume und vorbei an den Dipolen – der Chemiker spricht von einer Protolyse. Zurück bleibt der Rest der Säure, was ihn nicht nur schlecht gelaunt, sondern chemisch sogar negativ geladen zurücklässt. Gemeint ist natürlich der Säurerest, nicht der Chemiker. Diese geladenen Säure-Restmoleküle werden nun auch durch die vielen Dipole angezogen und durch die Bewegung des Wassers in den Freiräumen verteilt und umringt, dass es nur so sprudelt. Irgendwann sind die Wasserstoffmoleküle aus der Säure so fein verteilt, dass wir den Eindruck haben, sie wären gar nicht mehr vorhanden. Doch das täuscht. Sie sind nun zwischen den Wassermolekülen gelöst und fein verteilt, aber keinesfalls weg, sondern lediglich umlagert.

Nehmen wir zur Veranschaulichung ein paar weitere Süßigkeiten – wie wäre es zum Beispiel mit ein paar sauren Lutschern? Die stellen nun unsere Säure dar. Zunächst müssen wir sie noch in der Mitte zerteilen, bevor wir die nun positiven und negativen Teile zwischen die Schokoladenchips legen. Als Lutscher waren sie noch so groß, dass wir sie zwischen den Chips sehen konnten, als kleinere Einheiten verschwinden sie vor unseren Augen. Genau wie die Brausetabletten im Wasser.

So wie die Zitronensäure verhalten sich übrigens auch andere Stoffe. Kochsalz (Natriumchlorid) zum Beispiel zerfällt in positiv geladene Natriumatome und negativ geladene Chloratome. Der Chemiker nennt sie dann Natriumion und Chloridion. Die Wasserdipole lagern sich auch hier zuerst an den positiven und negativen Enden des Natriumchlorids an, umlagern sie und transportieren sie mit ihrer Bewegung ab, wo sie umlagert bleiben. Wir erinnern uns an Tee, der sich in kochendem Wasser schneller verteilt als in kaltem, was belegt: Mehr Bewegung im Wasser bedeutet mehr und schnellere Löslichkeit.

Familienväter kennen einen ähnlichen Vorgang aus dem Alltag. Da ist man in einem Moment noch mit der ganzen Familie zu Hause, schon klingelt es, und die ersten Spielfreunde der Kinder stehen vor der Tür und fragen, ob K1 (Kind 1) oder K2 Zeit für Schwimmbad, den Fußballplatz oder die Reithalle hat. Das Haus leert sich. Wenn dann noch die Schwiegermutter die Ehefrau spontan zur Shoppingtour abholt, steht man plötzlich ganz alleine im Flur. Die anderen waren eben anziehender als man selbst, die frei werdende Energie für die Umlagerung, die Hydratationsenthalpie größer als die Energie im Verbund der Ionen, die Gitterenergie.

Das ganze Phänomen der Löslichkeit ist ein Zusammenspiel der Stoffe und funktioniert daher auch nur mit bestimmten Stoffen. Wir lassen unser Schokoladenmodell kurz liegen, waschen unsere klebrig-süßen Hände und machen uns das mit einem weiteren kleinen Versuch noch etwas klarer.

DIE TINTENSPINNEN

WIR BENÖTIGEN DAZU:

ein längliches Glas,
eine Flasche Speiseöl,
eine Tintenpatrone,
eine Brausetablette,
einen Tropfen Spülmittel,
Wasser.

DURCHFÜHRUNG:

1. Wir füllen das Glas etwa bis zur Hälfte mit Wasser.
2. Wir füllen vorsichtig die gleiche Menge Öl auf das Wasser.
3. Wir warten einen Augenblick, bis sich die Flüssigkeiten nicht mehr bewegen.
4. Wir geben nach und nach Tintentropfen auf das Öl und warten, bis sie sich im Wasser lösen.
5. Wir geben nach einiger Zeit eine Brausetablette in das Wasser-Öl-Gemisch.
6. Wir geben zum Abschluss einen Tropfen Spülmittel zu dem Gemisch.

BEOBACHTUNGSAUFTRÄGE:

a) Warum zerplatzen die Tintentropfen erst im Wasser?

b) Warum liegen die Tropfen kurz auf der Grenzfläche zwischen Wasser und Öl?

c) Warum sprudelt die Brausetablette nur im Wasser?

d) Was passiert, wenn wir eine Brausetablette nur in Öl geben?

Manches löst sich in Wasser, anderes nicht. Unsere schönen Tintenspinnen konnten wir sehen, weil die Tinte selbst auf Wasser basiert, das heißt, die Farbstoffe sind in Wasser gelöst. In Öl bildeten die Tintentropfen eine feste Kugel, die sich nicht mit dem Öl mischte. Das Öl selbst mischte sich auch nicht mit dem Wasser unter ihm, erst nachdem die Tropfen von der Schwerkraft nach unten gezogen das Wasser durchwandert hatten, lösten sich die Farbstoffe im umgebenden Wasser. Die Erklärung: Die Fettmoleküle des Öls haben eine ganz andere Struktur als das Wasser. Wir können sie uns wie längere Ketten vorstellen, deren Ladung gleichmäßig und unpolar über das Molekül verteilt ist. Sie können sich also nicht aufgrund von Ladungen mit dem Wasser mischen. Ein Ölteppich wird letztlich erst deswegen ein Problem, weil er auf dem Wasser treibt, statt sich mit ihm zu mischen. An der Grenzfläche zwischen Flüssigkeiten bildet sich eine richtige Spannung, auf die wir in einem späteren Versuch noch weiter eingehen wollen.

Treten solche Spannungen auf, können bestimmte Moleküle gewissermaßen vermitteln. Wenn wir einen

Tropfen Spülmittel in das Glas geben, bricht der schöne Aufbau von Öl und Wasser in sich zusammen. Noch deutlicher ist das zu erkennen, wenn wir ein kleines Schnapsfläschchen mit Olivenöl füllen. Wenn wir das Fläschchen dann in ein Wasserglas stellen und das Glas vorsichtig mit Wasser befüllen, bleibt das Öl in seiner Flasche. Aber nur so lange, bis wir einen Tropfen Spülmittel als Emulgator auf die Flasche geben. Der kleine Ölvulkan bricht aus, und das ist gut für den Abwasch. Ohne Spülmittel, das quasi den Vermittler zwischen Öl und Wassermolekülen spielt, wären fettige Pfannen nämlich nur auf physikalischem Wege zu reinigen – was schon nervig werden kann.

Mit mehreren verschiedenfarbigen Tinten sehen die Tintenspinnen übrigens noch ästhetischer aus. Wer mag, kann den Versuch auch mit einer Brausetablette abschließen, bevor er Spülmittel hinzugibt. Diese löst sich im polaren Lösungsmittel Wasser, wie wir bereits wissen. Im Öl zeigt sich keine Reaktion der Bestandteile der Tablette. Erst im Wasser beginnt der oben beschriebene Vorgang, der es ordentlich aufwirbelt und sprudeln lässt. Wie in einer Lavalampe sinken die Wassertropfen dann wieder durch das Öl zurück.

Die Farbstoffe, das Kohlenstoffdioxidgas und die anderen Bestandteile der Brausetablette lösen sich im Wasser ganz gut, allerdings nur bis zu einem bestimmten Punkt. Die Löslichkeit des Wassers endet, wenn die Wassermoleküle alle um Ionen sortiert, diese also alle hydratisiert sind. Als Kind habe ich das gerne mit Zucker ausprobiert. Irgendwann löste sich der Zucker nicht mehr im Wasser und setzte sich am Glasboden ab. So ähnlich war das auch in unserem Hefeweizenglas mit der Brausetablette. Im Brausepulver befinden sich neben der Säure noch weitere Stoffe, wie etwa das Natriumhydrogencarbonat. Auch dieses liegt zu Teilen in Ionen verteilt im Wasser vor. Diese Ionen treffen nun auf die Wasserstoffionen aus der Säure und finden diese interessant. Nehmen wir ein paar saure Stäbchen oder eine andere Süßigkeit, zerteilen sie wieder und sortieren sie ins Bild. Treffen zwischen den Schokoladenchips positive Enden der sauren Stäbchen auf negative Enden der sauren Lutscher, ergibt sich eine neue Süßigkeit. In der Realität bilden die positiven Protonen der Säure und der negative Rest des Natriumhydrogencarbonats eine Verbindung. Man kann sich das so vorstellen, dass bei all den Ladungen im Wasser eine Konkurrenz zwischen den Ladungen besteht. Wer zieht hier wen mehr an?

Das negative Hydrogencarbonation ist für Protonen attraktiver als die Wassermoleküle. Sie bilden zusammen ein Molekül mit dem Namen Kohlensäure, die allerdings sehr empfindlich ist und sofort auseinanderfällt: in Kohlenstoffdioxid und ein Wassermolekül. In Formeln ausgedrückt:

$$NaHCO_3 + H_3O^+ \longrightarrow Na^+ + H_2CO_3$$

$$H_2CO_3 \longrightarrow H_2O + CO_2$$

Und genau dieses Kohlenstoffdioxid haben wir aufgefangen. Es ist nicht polar wie die anderen Stoffe und findet bei all dem Getümmel im Brauseglas nur bedingt Platz. In einem Liter Wasser lösen sich unter normalen Bedingungen (20 Grad Celsius und 1013 mbar

Luftdruck) etwa 880 Milliliter Kohlenstoffdioxid. Ist diese Sättigung erreicht, steigt überschüssiges Gas auf. In unserem Experiment sammelt es sich oben im umgedrehten Hefeweizenglas.

Bei diesem Versuch wurde auch deutlich, dass die erste und zweite Brausetablette unterschiedlich viel Gas ins Glas liefern. Jetzt wissen wir, warum: Ein Großteil des Kohlenstoffdioxids der ersten Tablette fand noch Platz im Wasser. Der war dann in Runde 2 belegt, weshalb ein viel größerer Teil des frei werdenden Kohlenstoffdioxids der zweiten Tablette als ungelöstes Gas im Bierglas landete.

In freier Wildbahn kann das übrigens lebensgefährlich werden. Gerade in kaltem Wasser löst sich Kohlenstoffdioxid gut. Das kalte Wasser weist eine höhere Dichte auf und lässt das Kohlenstoffdioxid in tiefere Schichten sinken. Aus diesem Grund ist in den Tiefen der Ozeane etwa fünfzigmal mehr Kohlenstoffdioxid enthalten als in unserer Atmosphäre. Die Ozeane sind also ein gigantisch großes Reservoir für Kohlenstoffdioxid, und auch im Süßwasser finden sich zuweilen so große Mengen davon, dass ihre plötzliche Freisetzung Katastrophen auslöst.

1986 setzte ein Erdrutsch am Nyos-See in Kamerun 1,6 Millionen Tonnen Kohlenstoffdioxid frei, das etwa 1700 Menschen und Tausende Tiere tötete. Das konnte passieren, weil der See durch eine Magmakammer kontinuierlich mit Kohlenstoffdioxid gespeist wird. Er zählt zu einem von drei Seen weltweit, deren Kohlenstoffdioxidsättigung nahezu an der Löslichkeitsgrenze liegt. Etwa 90 000 Tonnen CO_2 lösen sich jährlich im Wasser des Sees. Sein Wasser ist dazu unterschiedlich warm, das Tiefenwasser am Boden nimmt also deutlich mehr Kohlenstoffdioxid auf, als das Oberflächenwasser speichern kann. Wissenschaftler vermuten, dass ein Erdrutsch oder Erdbeben diese Wasserschichten durchmischt hat und Tiefenwasser schlagartig an die Oberfläche brachte. Durch die Druckentlastung kam es zu einer massiven Ausgasung und einer tödlichen Kohlenstoffdioxidwolke, da schon 8 bis 10 Prozent Kohlenstoffdioxid in der Atemluft zu Bewusstlosigkeit und Tod führen können. Eine Fontäne mahnt heute noch an, dass sich die Katastrophe wiederholen könnte. Sie pumpt Tiefenwasser 200 Meter aus dem See nach oben, wo sich das Kohlenstoffdioxid in der Luft verteilen und so die Konzentration am Boden gesenkt werden soll.

So, das war nun schon ein sehr tief gehender Blick ins Sprudelglas. Bei all der anspruchsvollen Materie sollten wir am Ende dieses Abschnitts erst einmal den Schreibtisch aufräumen und die Süßigkeiten entfernen. Als Nervennahrung hat sie der eifrig mitforschende Leser mehr als verdient! Wir halten vorher aber noch einmal kurz fest: Die Löslichkeit von Gasen und Salzen in Wasser lässt sich auf die stabilen Dipoleigenschaften und gewinkelte Struktur des H_2O zurückführen. Die Grenzen der Löslichkeit – und des Flaschenbodens.

Zum Abschluss machen wir nach dem ganzen Süßkram noch ein Bier und einen Sekt auf und versuchen einen kleinen Trick für die nächste Party, bei der wir dann mit unserem Wissen über Löslichkeitsgrenzen glänzen können: das »bottle busting«, ein Spaß, den ich selbst aus Sturm-und-Drang-Zeiten noch erinnere. Wir haben damals mit dem Flaschenboden einer Bierflasche auf die Öffnung einer anderen Bierflasche gestoßen, was zu einer schaumigen Minifontäne führte und dem Biertrinker die Hose und Schuhe befeuchtete. Manchmal schäumte dabei auch die eigene Flasche über, manchmal brach sogar der Boden der Flasche ab. Was auf den ersten Blick maximal nach pubertärer Verhaltenskreativität aussieht, ist in Wahrheit manchmal hohe Wissenschaft, die wir eben zu großen Teilen schon offengelegt haben.

Kohlenstoffdioxid löst sich in Wasser bis zu einer bestimmten Grenze, die vom Druck auf die Flüssigkeit abhängig ist. Je höher der Druck auf die Flüssigkeit, desto besser löst sich das Gas darin. Nur ein geringer Teil des Kohlendioxids wird beim Einlassen in Getränke zu gelöster Kohlensäure. Der größere Anteil des Gases befindet sich in den Freiräumen zwischen den Wassermolekülen. Was bedeutet, dass das meiste Kohlenstoffdioxid nur eine sehr leichte Verbindung mit den umgebenden Wassermolekülen eingeht und bereits durch kleine Druckveränderungen wieder austreten kann. Je mehr Gas sich an einer Stelle sammelt, desto mehr wirkt die Auftriebskraft auf diese Gasblase. Beim Öffnen einer Flasche entweicht aber erst einmal das Gas über der Flasche, der Druck in Flasche und Flüssigkeit sinkt, und damit tritt immer ein wenig Gas aus der Flüssigkeit aus. Der sinkende Druck in der Flasche setzt somit auch die Löslichkeit des Kohlendioxids herab.

Was der Druck bei geschlossener Flasche im Wasser hielt, lässt sich nach dem Öffnen freisetzen. Mehr und mehr Gas trennt sich vom Wasser und sammelt sich zu kleinen Blasen, die durch den Auftrieb nach oben steigen und die Flasche verlassen. Champagner, Sekt, Bier und Brause sind also in der Flasche übersättigte Lösungen – in denen sich mit einem »Zisch« und manchmal auch mit einem »Plopp« ein neues Gleichgewicht einstellt, während Gas aus der Lösung austritt. Die Mengen an zugeführtem oder bei der Gärung entwickeltem Kohlenstoffdioxid sind so bemessen, dass beim Öffnen der Flasche immer noch ein Prickeln in unserem Mund möglich ist. Doch auch das geht nicht ewig: Langsam nimmt das Kohlenstoffdioxid immer weiter ab, bis der Sekt oder das Wasser für uns schal schmecken.

Schlägt man nun die Bierflaschen aufeinander, verläuft das Ausperlen des überschüssigen Kohlenstoffdioxids nicht langsam, sondern abrupt. Es geraten die gesamte Flasche und deren Inhalt in Schwingung, Und durch das schnelle Auf und Ab des Wassers beim Schlag auf die Flasche entstehen wechselnde Drücke in der Flasche, manchmal sogar ein Unterdruck, der unterstützt vom Impuls des wieder nach unten drückenden Wassers den Flaschenboden zerspringen lässt.

Die Druckunterschiede trifft auch das Kohlenstoffdioxid, das sich fein verteilt in kleinen Kohlenstoffdioxidblasen sammelt. Dies findet besonders an rauen Stellen des Glases statt, wo sich Gasbläschen sammeln können. Der Moussierpunkt eines Schaumweinglases funktioniert nach diesem Prinzip: An diesem rauen Punkt eines Sektglases wirkt eine geätzte oder gelaserte Störstelle als Keimpunkt für größere Gasblasen, die von dort dann aufsteigen und den Sekt prickelnder erscheinen lassen. Mit Rosinen oder Kaubonbons in Cola lässt sich das Phänomen auch sehr schön darstellen, wie wir es später noch zum Raketenbau nutzen werden. Ältere Semester kennen bestimmt den Kullerpfirsich aus den Siebzigerjahren: ein angestochener Pfirsich, der in eine

Sektschale gelegt wird und an dessen rauer Oberfläche und den Einstichen sich dann Gasbläschen sammeln, die ihn in Drehung versetzen.

Die Gasbläschen werden in allen diesen Fällen durch eine Störung zu größeren Blasen gesammelt und erfahren schließlich einen Auftrieb. Dabei nehmen sie weiteres Kohlenstoffdioxid und Flüssigkeit mit. Ist die gesamte Flüssigkeit in Bewegung (wie beim Schlag auf die Flasche), passiert dies explosionsartig. Na dann, Prost!

Frühstück auf dem Mount Everest, wechselnde Aggregatszustände und die U-Bahn zur Rushhour

Auch wenn uns eine einfache Brausetablette im Wasserglas schon etliche Vorgänge im Mikrokosmos gut veranschaulicht hat, sind einige weitere Phänomene gleichzeitig an uns vorbeigezogen. Die sollten wir uns noch ein wenig genauer anschauen, weil sie spätestens bei unserem nächsten Besuch auf dem Mount Everest eine wesentliche Rolle spielen könnten – oder bei unserem Ausgangsproblem in diesem Kapitel: den zugefrorenen Autoscheiben im Winter.

Wir haben in vergangenen Abschnitten wiederholt bemerkt, dass viele Eigenschaften von Stoffen von den Umgebungsbedingungen abhängen. Der Druck – ein wenig simpler ausgedrückt: was über der Flasche an

Teilchen unterwegs ist – wirkt auf die Wassermoleküle in der Bierflasche und somit auf gelöste Gase. Auch die Temperatur – einfacher: die Bewegung der Teilchen – spielt eine Rolle. Im letzten Abschnitt erfuhren wir, dass der Aufbau des jeweiligen Moleküls beeinflussen kann, welche Temperatur zu welcher Bewegung führt, fachlich genauer: wann ein Stoff zu kochen, also vom flüssigen in den gasförmigen Zustand überzugehen beginnt.

Jedes Kind kennt die Siedetemperatur von Wasser. Sie liegt bei 100 Grad Celsius. Der schwedische Astronom und Physiker Anders Celsius hat sich mit seiner Temperaturskala nämlich an den wechselnden Formen des Wassers orientiert. Die Temperatur, bei der Wasser gefriert, legte er willkürlich als Punkt 100 fest, den Punkt, an dem Wasser kocht, als Nullpunkt. Dazwischen teilte er eine Skala von 100 Abschnitten zu je einem Grad ein, die Grundlage für unsere heutige Temperaturskala. Nach seinem Tode entschied man sich allerdings auf Vorschlag seines schwedischen Botanikerkollegens Carl von Linné, die Skala zu drehen und die 0 Grad für den Gefrierpunkt statt den Siedepunkt des Wassers zu nehmen. Die Temperaturen würden sonst bei gutem Wetter sinken anstatt steigen. Das war den Nachfolgern von Celsius wohl ein bisschen zu quergedacht.

Ein wenig querdenken müssen wir auch beim Wasserkochen auf dem Mount Everest. Bevor wir uns dahin aufmachen, schauen wir uns das Phänomen dahinter aber erst einmal in einem kleinen Olivenglas an. Wir beobachten damit Wasser, das beim Abkühlen kocht. Wenn das mal nicht schräg ist.

WASSER KOCHEN MIT EIS

WIR BENÖTIGEN DAZU:

ein längliches Olivenglas (ohne Oliven) mit Schraubverschluss,
eine Aluschale,
100 °C heißes Wasser,
Eiswürfel,
eine Spritze.

DURCHFÜHRUNG:

1. Wir stellen ein Olivenglas auf eine Aluschale.
2. Wir legen einige Eiswürfel bereit.
3. Wir füllen heißes Wasser in das Olivenglas. Wir achten darauf, dass das Glas bis oben hin gefüllt ist, und schließen dann den Deckel auf dem Glas.
4. Wir legen Eiswürfel auf den Deckel des Olivenglases und blicken auf das Wasser im Glas, während der Eiswürfel schmilzt.
5. Wir ziehen etwas von dem heißen Wasser vorsichtig in eine kleine Spritze auf.
6. Wir verschließen die Spritzenöffnung mit unserem Zeigefinger und ziehen sie ein Stück weiter auf. Dabei beobachten wir die Flüssigkeit in der Spritze.

BEOBACHTUNGSAUFTRÄGE:

a) Wann steigen Gasblasen im Glas oder in der Spritze auf? Welche Rolle spielt das Eis dabei im ersten Versuch?

b) Wie entwickelt sich die Temperatur im Wasserglas während des Versuchs, wenn wir sie mit einem Laserthermometer messen?

Aggregatszustände – einmal wechseln, bitte!

Wasser, das beim Abkühlen kocht – doch halt, wir müssen für diesen Versuch genauer mit unseren Begriffen umgehen! Normalerweise sprechen wir von kochendem Wasser, wenn es ordentlich blubbert und viele Gasblasen im Wassertopf aufsteigen. Das ist unter normalen Bedingungen im Bereich von 70 bis 100 Grad Celsius der Fall, wobei die Gasentwicklung, wie wir bereits feststellten, zunächst von einem Ausdampfen gelöster Gase und dann von einem immer stärker verlaufenden Gasförmigwerden des Wassers herrührt, also seinem Aggregatwechsel. Sehen wir uns die entscheidenden Temperaturschwellen an.

In der Küche unterscheidet man verschiedene Phasen des Kochvorgangs. Unter 75 Grad Celsius ist das Wasser nur wenig in Bewegung, seine Oberfläche zittert leicht. Ab 75 Grad spricht man dann von simmerndem Wasser: Einzelne kleine Blasen steigen auf. Ab 90 Grad steigen mittelgroße Blasen auf und durchbrechen die Oberfläche. Bei 100 Grad bleibt die Temperatur des Wassers bestehen, auch Umrühren sorgt für keine Veränderung. Man spricht von sprudelndem, kochendem Wasser. Dampf und anhaltende Bewegung hören nicht auf.

Die zugeführte Wärmeenergie bringt die Wassermoleküle immer stärker in Bewegung, bis einige Moleküle genügend Energie haben, den Verbund der anderen Teilchen zu verlassen. Einige Faktoren spielen dabei eine Rolle, während andere Faktoren nur für Mythen in der Küche taugen. Die Zugabe von Salz zum Beispiel ändert die Dauer, bis das Wasser kocht, nur unwesentlich, es erhöht seine Siedetemperatur auf 101 Grad. Dafür hilft aber ein größerer Topf, die Kochdauer zu verringern, weil eine größere Fläche erhitzt werden kann, das Volumen des Wassers sich so auf dieser Fläche flacher verteilt und somit leichter von der Wärmeenergie erreicht wird.

Die Temperatur ist aber nur die halbe Wahrheit beim Wechsel der Aggregatszustände. Grundsätzlich gilt: Je weniger sich Atome oder Moleküle bewegen, desto dichter stehen sie beieinander. Das ist bei uns Menschen in der Kälte auch nicht unüblich. Je wärmer es wird, desto mehr schätzen wir normalerweise den luftigen Abstand zu anderen Personen. Wer schon einmal im Hochsommer zur Rushhour mit der U-Bahn nach Hause gefahren ist, weiß genau, wie ich das meine. Den weitesten Abstand nehmen die Atome und Moleküle in gasförmigem Zustand ein. Hier ist man nur noch lose miteinander in Wechselwirkung und bewegt sich viel. Die Freunde meines Sohnes erinnern mich oft daran. Drei Jungs, die sich wie ein ideales Gas verhalten: Sie nehmen sofort das gesamte Volumen eines Raumes ein, egal, wie groß er ist.

Die Regel lautet also: Je wärmer, desto mehr Raum nehmen Stoffe ein. Doch keine Regel ohne Ausnahme, und die bildet in diesem Fall das Wasser selbst. Wir können das hier mit einem wirklich kleinen Zwischenversuch würdigen. Wir nehmen dazu einfach ein paar Schnapsgläser und ein Stück Butter, das wir in einem Topf erhitzen. Die flüssige Butter füllen wir in ein Schnapsglas, sodass es etwa zu zwei Dritteln gefüllt ist. Ein weiteres Schnapsglas füllen wir mit Wasser. Bevor wir nun beide Gläser in das Gefrierfach stellen, markieren wir die Füllstände. Nach zwei, drei Stunden des Wartens zeigt sich auf erschütternde Weise, dass der Füllstand der Butter im inzwischen festen Zustand niedriger, der des Wassers aber höher geworden ist. Ein Phänomen, das wir vielleicht schon einmal bemerkt haben, wenn wir eine Glasflasche ins Gefrierfach gelegt, im Winter kein Frostschutzmittel für den Autokühler oder die Scheibenwischanlage nachgefüllt oder die Gartenwasserleitung im Winter nicht abgestellt haben. In allen Fällen ist im schlimmsten Fall am Ende etwas kaputt gegangen, weil festes Wasser, also Eis, mehr Raum einnimmt als flüssiges Wasser, oder anders: seine Dichte ist im festen Zustand geringer, weshalb Wissenschaftler von der »Dichteanomalie« des Wassers sprechen.

Liegen die Moleküle im flüssigen Wasser ziemlich ungeordnet beieinander (wie unsere Schokoladenchips), so stehen sie im festen Zustand starr in einer regelmäßigen Struktur, die sich aus den Wasserstoffbrücken ergibt. Erlauben die Brücken im flüssigen Zustand noch Lücken, sind sie nun fest verankert in einer Wabenform. Das feste Eis nimmt also mehr Raum ein als das flüssige Wasser.

Die höchste Dichte wiederum hat flüssiges Wasser übrigens bei 4 Grad Celsius. Darunter nimmt es mehr und mehr seine Eisstruktur an, und darüber spielt die Temperatur und Teilchenbewegung wieder eine größere Rolle und damit auch für den Abstand zwischen den Molekülen. Das ist unheimlich praktisch, weil es bedeutet, dass Eiswürfel auf dem Drink schwimmen. Wem das zu gewöhnlich ist, der kann das Gleiche ja mal mit einem Stück Butter in heißem Fett oder einem Stück Wachs in flüssig heißem Wachs probieren. Beide Stücke werden untergehen, das Eis nicht.

Die Dichteanomalie ermöglicht außerdem, dass warmes Wasser im Sommer im Badesee oben aufliegt, während der Grund des Sees angenehm kühl bleibt. Im Winter friert der See dann ebenfalls an seiner Oberfläche zu, während der Grund des Sees noch lange bei 4 Grad warmem Wasser Leben ermöglicht. Lediglich die *Titanic* hatte unter der Dichteanomalie des Wassers zu leiden, als sie auf den schwimmenden Eisberg traf.

Der Siedepunkt: Wie heiß? Wie hoch?

Nun aber zurück zu unserem Olivenglas und dem erstaunlichen Aggregatwechsel, den wir darin beobachten konnten. Auch für Wasser gilt ja, dass es bei bestimmten Temperaturen vom festen zum flüssigen und schließlich zum gasförmigen Zustand wechselt. Im Versuch passierte dies nur leider nicht bei den gewohnten 100 Grad Celsius, sondern bei viel niedrigeren Temperaturen, wie uns ein Laserthermometer zeigen kann.

Wir haben schon darüber gesprochen, dass die Struktur des eigenen Moleküls, Atoms oder Verbundes eine Rolle bei diesem Spiel spielen kann. Wie die hyperaktiven Freunde meines Sohnes die Eigenschaft haben, jeden Raum einzunehmen, machen es auch manche Atome und sieden schon bei sehr niedrigen Temperaturen. Andere Atome und Moleküle sind durch zwischenmolekulare Kräfte mehr darauf bedacht, beieinanderzubleiben. Methan (CH_4) oder Schwefeldioxid (SO_2) bestehen wie das Wassermolekül auch aus wenigen Atomen, haben aber Schmelztemperaturen von −182 beziehungsweise −73 Grad Celsius und sieden schon bei −161 beziehungsweise −10 Grad. Je stärker die Anziehungskräfte zwischen den Stoffbausteinen, desto mehr Energie benötigen wir zum Schmelzen und Verdampfen. Schwefeldioxid ist auch ein Dipol, der aber keine Wasserstoffbrücken wie das Wasser ausbildet. Nicht nur beim Lösen, sondern auch hier beim Aggregatwechsel spielen sie eine große Rolle.

Trotzdem ist damit noch nicht erklärt, warum das Wasser in unserem Versuch siedet, während es dabei immer kälter wird. Im Versuch mit der Spritze konnten wir sehen, was im Versuch mit dem Olivenglas nur schwer zu erkennen war: Die Flüssigkeit beginnt zu sieden, nachdem wir das Volumen der Spritze vergrößert haben. Der Luftdruck ist das Zünglein an der Waage. Die Siedetemperatur des Wassers unter normalen Bedingungen liegt bekanntermaßen bei 100 Grad Celsius, weil den fliehenden Wassermolekülen Atome und Moleküle im Weg stehen. Auch das kennen wir aus der U-Bahn. Steigt unsere Energie in der U-Bahn ins Unermessliche, zum Beispiel weil wir gerade erkannt haben, dass wir in der falschen Bahn sitzen und die richtige Bahn gleich auf dem gegenüberliegenden Gleis abfährt, stehen uns immer noch die anderen Teilchen beziehungsweise Passagiere im Weg, während wir mit zunehmenden Tempo versuchen, aus der Bahn zu fliehen. In der Rushhour geht so ein Impuls verloren, weil vor lauter Menschen keine Zwischenräume mehr frei sind, haben wir aber keine Passagiere im Weg, können wir unser Aggregat (Lateinisch für Ansammlung) verlassen. Mit anderen Worten: Auch der Umgebungsdruck redet ein Wörtchen mit.

Was wir beim Aufziehen der Spritze erkennen konnten, war also, dass Wasser unter geringem Luftdruck schon bei niedrigeren Temperaturen siedet. Der Schweredruck der Luft entsteht dadurch, dass eine ordentliche Portion an Luft über uns lagert. Im Gegensatz zum Wasser lässt sich die gasförmige Luft allerdings zusammendrücken. Sie ist hier unten also dichter und stärker unter Druck als weiter oben am Himmel. In etwa 6000 Metern Höhe beträgt der Luftdruck im Vergleich zur Meereshöhe nur noch 46,3 Prozent, also nicht einmal mehr die Hälfte. Auf dem Mount Everest mit seinen 8848 Metern herrscht nur noch ein Druck von etwa 325,1 Hektopascal (hPa), was 32,1 Prozent des Drucks entspricht, den wir hier unten vor Ort haben (auf Meereshöhe sind es 1013,25 hPa). Die Luft ist also dünn auf dem Berggipfel – und das hat zur Folge, dass Wasser dort oben schon bei 70 Grad Celsius kocht. Und nicht nur in luftiger Höhe ist das so. Auch in der von uns ausgedünnten Luft in der Spritze sinkt der Druck, wir simulieren beim Aufziehen gewissermaßen die Bedingungen beim Aufstieg auf den Mount Everest.

Doch wie ist das im Olivenglas? Dort hat der Clou mit der Extraportion Eiswürfel auf dem geschlossenen

Metalldeckel zu tun. Die kühlt das Wasser unter dem Deckel ein wenig ab. Wie wir wissen, bedeutet Abkühlen, dass die Moleküle dichter beieinanderstehen. Damit nehmen sie nun ein klein bisschen weniger Raum ein. Dieser Raum wird nun unter dem Deckel frei, und das hat zur Folge, dass der Druck über der Flüssigkeit geringer wird. In diesen Freiraum kann das Wasser nun leichter eintreten. In der U-Bahn öffnet sich kurzzeitig ein Korridor, den wir nutzen können, um zur Tür zu gelangen. Ist der Raum gefüllt, stoppt das Sieden wieder. Die sehr energiereichen Moleküle werden nun wieder abgekühlt, kondensieren als flüssiges Wasser und geben den Raum wieder frei – und das Spiel beginnt von Neuem, während das Wasser langsam weiter abkühlt.

Mithilfe einer Vakuumpumpe könnten wir den Versuch nun noch auf die Spitze treiben. Wir würden pumpenderweise dem System langsam immer mehr Energie entnehmen. Es stellt sich die Frage, ob das Wasser dann vielleicht irgendwann sogar gefrieren würde. Zugegeben, in diesem Aufbau hatte ich nie die Muße und Zeit, so lange abzuwarten. Mit einer Vakuumpumpe lassen sich die energiereichen Moleküle, die als Gas entweichen, einfacher und schneller entfernen. (Die meisten Besitzer einer solchen Pumpe, also Wissenschaftler und Forscher, machen das nicht gerne, weil das abgesogene Wasser dann an anderer Stelle in der Pumpe wieder flüssig wird und sie damit bestenfalls kaputt macht.) In einem Forschungsinstitut habe ich aber mit einer ausgemusterten Pumpe immer mal wieder spielen dürfen. Und tatsächlich: Das Wasser im Olivenglas kocht bei immer weiter sinkendem Druck und sinkender Temperatur munter weiter, bis die letzten Tropfen zu gefrieren anfangen! Mit den Molekülen im Gaszustand geht der Umgebung immer wieder Energie verloren, es wird also zunehmend kälter. Selbst das Eis wird (soweit wir es bei Raumtemperatur weiter mit Energie versorgen) irgendwann vollends in der Vakuumpumpe verschwinden, frei gewordenes Molekül für frei gewordenes Molekül, was immer länger dauert.

Und der Mount Everest? Der erscheint uns nun noch ein wenig unfreundlicher. Die Luft zum Atmen reicht kaum noch aus, und dort oben am Gipfel ein Ei zu kochen würde auch länger dauern. Das Wasser kocht zwar schneller, wird aber nur 70 Grad heiß. Die Stoffe, aus denen das Hühnerei überwiegend besteht, die Proteine Conalbumin und Ovalbumin, gerinnen bei 61,5 beziehungsweise 84,5 Grad Celsius. Das Eigelb stockt bei 65 Grad, für das Eiklar, das aus mehr Ovalbumin besteht, reicht die Temperatur nicht aus. Erst nach anderthalb Stunden ist das Ei teilweise geronnen, richtig hart gekocht wird es nie. Ei, Ei, Ei? Auf dem Mount Everest no, no, no!

Unechte Rosen, Westerntänze und der Gang übers Wasser

Wir nähern uns dem Ende des großen Wasser-Kapitels, doch wir haben immer noch nicht alle Eigenschaften des H_2O kennengelernt. Bevor wir zu unserem Eingangsproblem mit dem eingefrorenen Auto kommen, holen wir die letzten wichtigen Eigenschaften, die uns noch fehlen, mit ins Boot: Wasser klebt, steigt und spannt!

Fangen wir mal mit einer kleinen Frage an: Wie viel Wasser passt auf eine 20-Cent-Münze? Mit einer Pipette können wir loslegen und die Frage klären. Natürlich hängt die Antwort davon ab, wie groß die Wassertropfen sind, die wir auf die Münze legen. Erstaunlich ist vielmehr, dass es in jedem Fall viele Wassertropfen sind. Es bildet sich ein richtiger Wasserberg auf der Münze. Wer keine Pipette zur Hand hat, nimmt einfach seinen Finger und transportiert Wassertropfen aus einem Glas auf die Münze. Eine feine Glasröhre ginge natürlich auch, um ein paar Tropfen zu transportieren.

Da sind wir dann schon bei unseren drei Eigenschaften. Erstens: Der Wassertropfen klebt an der Unterseite unseres Fingers, auch wenn »kleben« bei Wasser erst einmal widersinnig klingt, wo wir es doch normalerweise nutzen, um klebrige Finger wieder sauberzuwaschen. Zweitens: In einer feinen Röhre oder Pipette steigt Wasser auf. Bei genauem Hinschauen erkennen wir, dass es am Rand der Röhre höher steht als in der Mitte. Ganz anders sieht es auf unserer Münze aus, was uns zur dritten Beobachtung führt: Das Wasser auf der Münze formt sich immer mehr zu einem Berg, so als würde es von einer Hülle umspannt und zusammengehalten. Wieso, weshalb, warum? Die Antworten finden wir, indem wir uns die drei Phänomene noch einmal in einem anderen Zusammenhang anschauen.

PAPIERBLÜTEN ENTFALTEN SICH IM WASSER

DAS BOOT MIT ALKOHOL-ANTRIEB

WIR BENÖTIGEN DAZU:

eine Aluschale,
ein paar Papierbögen
in unterschiedlicher Stärke,
einen Stift,
eine Schere,
Wasser.

Eine Aluschale,
Bastelvorlage »Raketenschiffchen«,
einen Stift,
eine Schere,
Spiritus,
eine Pipette,
etwas gemahlenen Pfeffer,
ein Stück Kernseife,
Wasser.

DURCHFÜHRUNG »PAPIERBLÜTEN«:

1. Wir zeichnen zwei Dreiecke übereinander, die einen Stern ergeben, auf verschiedene Papierbögen.
2. Wir schneiden die Sterne aus.
3. Wir falten jeweils die sechs Sternspitzen zur Mitte hin ein.

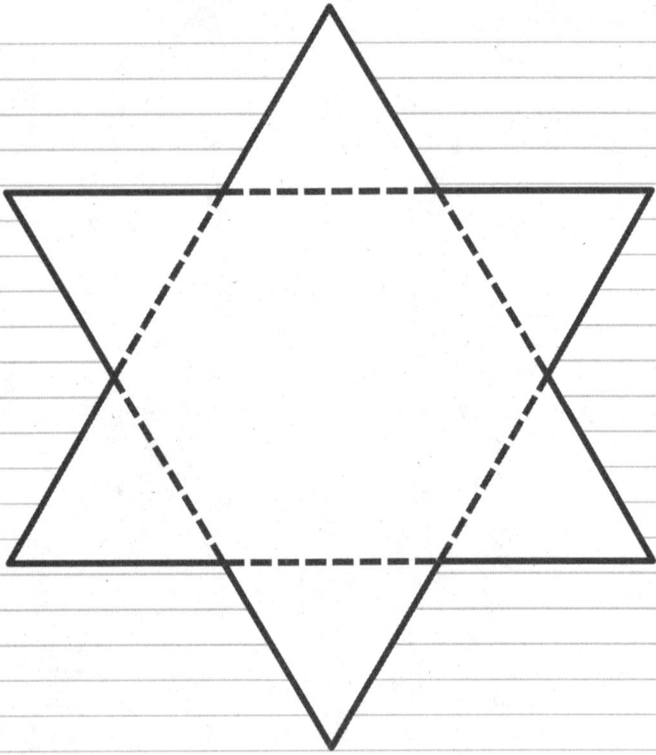

4. Wir füllen die Aluschale zu zwei Dritteln mit Wasser.
5. Wir legen die zusammengefalteten Sternblumen auf das Wasser und warten ab.

DURCHFÜHRUNG »RAKETENSCHIFFCHEN«:

1. Wir geben etwas Wasser in die Aluschale.
2. Wir zeichnen drei Papierschiffchen von der Vorlage aus dem Buch auf ein Blatt Papier ab, indem

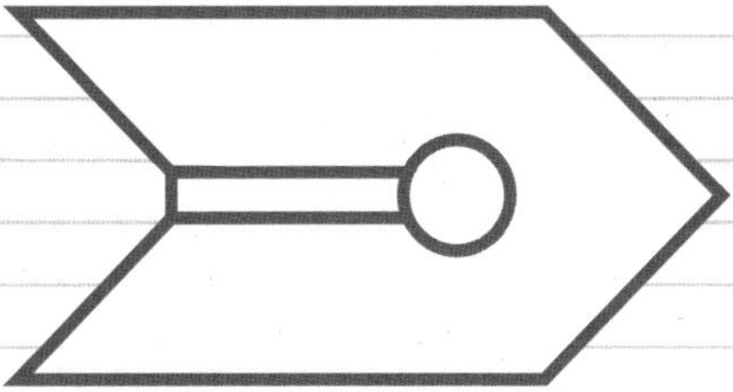

wir ein Papier auf die Vorlage legen und die durchscheinenden Umrisse auf dem Papier abzeichnen.

3. Wir schneiden das abgezeichnete Papierschiffchen mit einer feinen Schere aus. Besonders der Kreis im Innenraum des Schiffchens ist dabei wichtig.
4. Wir legen das Schiffchen vorsichtig auf das Wasser.
5. Wir tropfen vorsichtig einen Tropfen Spiritus in den länglichen Schlitz des Schiffchens.
6. Wir streuen ein wenig Pfeffer auf die Wasseroberfläche.
7. Wir befeuchten unseren Zeigefinger und reiben ihn an einem Stück Kernseife.
8. Wir tippen mit dem Finger auf die Wasseroberfläche.

BEOBACHTUNGSAUFTRÄGE:

a) Öffnen sich die Papierblüten mit anderem Papier (Zeitungspapier, Kopierpapier, dickem Papier usw.) schneller, langsamer oder gar nicht?
b) Funktionieren die Papierschiffchen auch mit anderen Antriebsstoffen wie Zahnpasta oder Spülmittel?

c) Steigt das Wasser zwischen den Objektträgern höher, wenn wir dickere oder dünnere Nägel verwenden?

Die Papierblüten, die wir ins Wasser geben, erblühen vor unseren Augen. Am Ende des Experiments ist das gesamte Papier nass, selbst wenn die Blütenspitzen nicht die Wasseroberfläche berührt haben. Das Wasser scheint seinen Weg durchs Papier zu finden, egal wie dick. Das ist eine Erfahrung, die uns nicht fremd sein dürfte. Auch »Wet T-Shirt Contests« würden nicht funktionieren, wenn Wasser sich in T-Shirts nicht ebenfalls ein wenig ausbreiten würde. Doch hinter dem Phänomen steckt mehr, und das macht es tatsächlich sehr relevant für unser Leben (was für »Wet T-Shirt Contests« nur bedingt gilt).

Einen Versuch, der das Phänomen veranschaulicht, haben wir bereits kennengelernt, als wir uns im ersten Kapitel mit den nützlichen Fähigkeiten des Kerzendochts beschäftigten. Aber eine kleine Wiederholung schadet nicht, zumal wir uns ja nun in einem anderen »Element« befinden. Zwei Objektträger mit dazwischen gespanntem Nagel zeigen uns, was sich mikroskopisch klein im Papier abspielt, wenn wir sie ins Wasser stellen. Das Wasser steigt in die Zwischenräume zwischen den Objektträgern. Auch wenn die Objektträger außen auf gleicher Höhe im Wasser stehen, so zeigt sich, dass das Wasser zwischen den Objektträgern unterschiedlich hoch steigt. Es macht eine richtige Kurve. Dort, wo die Objektträger weiter auseinanderstehen, ist der Wasserstand gleich hoch zur äußeren Umgebung. Je enger die Objektträger nun im Dreieck zusammenlaufen, desto höher steigt auch das Wasser. Wir können festhalten: In engen Räumen steigt nicht nur Kerzenwachs, sondern auch das Wasser an. Es muss eine Kraft geben, die die Moleküle dazu bringt, sich so zu einer Kurve anzuordnen, denn schließlich ist da ja auch noch die Erdanziehungskraft. Da das Wasser in größeren Spalten nicht beziehungsweise nur am Rand etwas steigt und nicht in der Mitte, liegt die Vermutung nahe, dass der Partner an der Grenzfläche eine Rolle spielt.

Wir haben dieses Phänomen schon einmal bei den Tintenspinnen gesehen. Die Grenzfläche zwischen Öl und Wasser war für die Tintenkugeln nicht so leicht zu überwinden. In jedem Stoff wirken Kräfte aufgrund der verschiedenen Ladungen und Bindungen in den Molekülen. Gerade das Wasser mit seinen Wasserstoffbrücken sorgt für viele zusammenhängende Kohäsionskräfte (vom lateinischen Verb »cohaerere« für »zusammenhängen«) und so letztlich für den Zusammenhalt des Stoffes. Diese Kräfte wirken aber nicht nur auf Dinge in der Flüssigkeit, sondern am Rand auch auf Stoffe, die sich um den Stoff herum befinden. Treten zwei Stoffe nebeneinander auf, wechselwirken ihre Moleküle miteinander und ihre Kräfte aufeinander. Die daraus resultierende Eigenschaft ist meistens das Kleben beziehungsweise Aneinanderfesthalten.

Stellen wir uns das im Mikrokosmos einfach so vor wie zwei Wollpullis, die aneinander vorbeigeschoben werden. Sie sind rau und verhaken sich ein wenig, was bestenfalls zu einem Aneinanderkleben im Makrokosmos führt. Sind die Stoffe ganz glatt, finden wenige Wechselwirkungen statt, und die »Anhaftkräfte«, genauer: Adhäsionskräfte (von »ahaerere« für »anhaften«) sind geringer. Im Mikrokosmos wickeln sich natürlich nicht nur Wollfäden aneinander. Die vielen Ladungen in den beteiligten Molekülen bewirken klebende oder nicht klebende Effekte, je nachdem, wer da aufeinandertrifft. Dass Wasser solche Kräfte zeigt, haben wir am eigenen Finger erlebt. Im Inneren von Glasröhren oder feinen Gängen im Papier wirken diese Kräfte natürlich auch, und je kleiner der Zwischenraum, desto relevanter wird der Effekt.

An den Rändern des Wassers entwickelt sich eine resultierende Kraft, die in Abhängigkeit vom jeweiligen Material entweder in die Flüssigkeit hinein- oder aus ihr herauswirkt, und zwar nach einem einfachen Prinzip: Ist die Wirkung der Gefäßwand gegenüber den Kohäsionskräften im Wasser groß, dann wirkt die resultierende Kraft in Richtung Gefäßwandung hinein, und die Flüssigkeit ist am Rand nach oben gebogen. Die Flüssigkeit benetzt ihre weitere Umgebung. Die Höhe der aufsteigenden Flüssigkeit ist von der Flüssigkeit selbst, der Umgebung, dem Radius der Röhre und dem Winkel abhängig. In einer Formel kann man damit die Steighöhen des Wassers errechnen. Hat die Röhre einen Radius von einem Meter, so steigt das Wasser an den Rändern lediglich um 0,014 Millimeter, also kaum erkennbar. Beträgt der Radius der Röhre nur einen Millimeter, ist die Steighöhe des Wassers schon 14 Millimeter hoch. Und beträgt der Radius der Röhre nur 0,01 Millimeter, dann steigt das Wasser in ihr ganze 1,4 Meter hoch.

Im Papier wirken diese Kräfte ebenso. Das Wasser (auch Kaffeeflecken oder vergossene Tränen über Liebesbriefen) wird weit durch das Papier mitgenommen, wobei es vom Material und von der Struktur und Beschaffenheit der kleinsten Kanäle im Papier abhängt, wie gut es die Flüssigkeit aufnimmt. Ein Hoch auf die Kapillarkraft, ohne die wir Schwämme und Putzlappen vergessen und auch viele Pflanzen nicht in die Höhe wachsen könnten – ohne sie sähe nicht nur unsere Küche, sondern unser ganzer Planet anders aus!

Pflanzen nehmen das meiste Wasser mit ihren Wurzeln im Boden auf. Neben Kapillarkräften, die das Wasser steigen lassen, sorgt bei ihnen die Verdunstung in den Blättern für einen Transpirationssog, der das Wasser in die obersten Bereiche steigen lässt. Kohäsionskräfte zwischen den Wassermolekülen, Kapillarkräfte und weitere Effekte verhindern ein Abreißen des Wasserstromes. Wissenschaftler gehen heute davon aus, dass aufgrund dieser gegen die Schwerkraft wirkenden Kräfte Bäume bis zu 130 Meter hoch werden könnten. Aber auch kleinere Pflanzen nutzen die Kapillarkräfte für sehr erstaunliche Überlebenstricks. Die Rose von Jericho, genauer: die Unechte Rose von Jericho (Selaginella lepidophylla), ist ein hübsches Beispiel. Sie kommt überwiegend in den Wüstengebieten von Arizona, Texas oder Mexiko und auf Gedecken in der Vorweihnachtszeit vor. Die Pflanze aus der Familie der Moosfarngewächse kann über Monate ohne Wasser auskommen und zieht sich immer mehr zu einem Ball zusammen. Kommt es dann zu einem plötzlichen Niederschlag, treibt sie innerhalb eines Tages wieder aus. Beide, die Echte Rose von Jericho und die unechte

Plagiatsrose, die nur als »Rose von Jericho« verkauft wird, öffnet sich innerhalb weniger Stunden, nachdem sie mit Wasser übergossen wurde, und zieht sich wieder zusammen, wenn das Wasser verdunstet ist. Kapillarkräfte in der Pflanze beleben die Pflanze nur zum Schein wieder. In der Vorweihnachtszeit ein schöner Brauch und eine gute Beschäftigung für Kinder beim Warten auf den Weihnachtsmann.

Im zweiten Teil unserer Versuchsreihe haben wir ein kleines Papierschiffchen mit einem Antrieb aus Alkohol beschleunigt. Mit ordentlich Tempo bewegt sich das Boot über das Wasser, nachdem wir einen Tropfen Alkohol in seine Mitte gegeben haben. Was dabei im Wasser vor sich geht, haben wir noch deutlicher erkennen können, nachdem wir die Sache ein bisschen gepfeffert und eingeseift haben. Wenn wir Pfeffer auf das Wasser geben und dann einen seifigen Finger auf das Wasser legen, bilden sich freie Kreise um den Finger herum. Etwas scheint den Pfeffer äußerst rasch zu vertreiben. Was war da jeweils los?

In beiden Fällen wirken hier wieder Kräfte, die jedoch jedes Mal erst durch die Zugabe eines weiteren Stoffes, Alkohol beziehungsweise Seife, so richtig sichtbar werden. Was uns die Seife vor Augen führt, hätten wir uns schon vorhin mit der 20-Cent-Münze ansehen können. Berühren wir mit einem Seifenfinger den Wasserstapel auf der Münze, so bricht dieser sofort in sich zusammen. Vorher wirkte der Wasserberg so, als hätte er eine Haut, und ja, stark vereinfacht, kann man wirklich sagen: Wasser hat eine Haut. Der Physiker, der es etwas genauer mag, spricht von Oberflächenspannung. Die Oberfläche ist gespannt, was letztlich auf die von den einzelnen Molekülen ausgerichteten Kräfte im Wasser zurückzuführen ist.

In unserem Schokoladenmodell sortierten sich die Wassermoleküle an ihren negativen und positiven Enden. Natürlich sind die Wassermoleküle immer in Bewegung und befinden sich in unterschiedlichen Abständen, weshalb andauernd anziehende und abstoßende Kräfte zwischen ihnen wirken. Ein wenig geht es zu wie bei einem amerikanischen Westerntanz, bei dem immer mal wieder gedreht und die Partner gewechselt werden. Am Rand, also der Wasseroberfläche, ist dieses Kräftespiel nicht so ausgeglichen wie in der Flüssigkeit. Die Anziehungskräfte der umgebenden Stoffe, zum Beispiel der Luft, sind meist nicht stark, und so entsteht eine in die Flüssigkeit gerichtete Kraft, die die Wasseroberfläche wie eine Haut spannt und das Wasser stets die geringstmögliche Oberfläche einnehmen lässt. In der Tintenkugel im Öl konnten wir das sehr gut erkennen, ebenso am Wasserstapel auf der Münze. Die Kraft der Oberflächenspannung reicht aus, um einen Wasserläufer, eine Büroklammer, Pfeffer oder unser Schiffchen aus Papier zu tragen. Bis wir etwas daran ändern.

Mit der Zugabe anderer Stoffe ändert sich die Oberflächenspannung. Die Seifenmoleküle, genauer Tenside (vom lateinischen »tensus« für »gespannt«), sind wurmartige Gebilde, aufgebaut aus einem kurzen Kopfteil, der auch geladen und dem Wasser zugewandt ist, und einem langen, wasserabweisenden Schwanzteil. Sie sehen wie ein Wurm mit einem großen, wasserhassenden Kopf aus. Diese Moleküle drängen nun an der Grenzschicht zwischen die Wassermoleküle, stecken ihre Köpfe aus dem Wasser und verringern damit die Kräfte, aus denen sich die Oberflächenspannung ergibt. Zunächst geschieht dies an der Oberfläche, sodass Pfefferstücke oder Schiffchen von dieser Bewegung des Wassers und der Tenside mitgerissen werden und sich wie von Geisterhand bewegen. Haben sich die Tenside oder Alkohole mit dem Wasser gemischt, sich zwischen die Moleküle gedrängelt, verliert es seine einzigartige Spannung. Das Schiffchen wird von den sich ausbreitenden Tensiden vorangetrieben.

Helfen uns all die neuen Erkenntnisse über Aggregatszustände, Löslichkeit und Spannung weiter, wenn es darum geht, das zugefrorene Auto aus der Einleitung des Kapitels wieder eisfrei zu bekommen, und wenn nein, wozu kann man solch profundes Wissen über das Wasser noch im Alltag gebrauchen? Wir wollen dann lösen, bitte!

Eiskalte Life-Hacks, Napoleons mobiler Kühlschrank und selbst gemachte Kristallgeoden

Schon mal darüber nachgedacht, Straßenlaternen anzulecken? Im Winter ist das definitiv keine gute Idee, aber ein Spaß, der von dem ein oder anderen schon einmal ausprobiert wurde. Der Speichel gefriert an der Kontaktstelle, und – den Eigenschaften des Wassers sei Dank – die Zunge klebt fest. Los kommt man nur mit Schmerzen oder warmer Flüssigkeit aus der Thermoskanne.

Mit denselben Wassereigenschaften, nur wesentlich schmerzfreier, arbeiten übrigens auch Enten und andere Wasservögel. Sie lassen kaltes Blut aus den Beinen an warmem Blut aus den Arterien vorbeilaufen. Der ökologische Wärmetauscher sorgt für warme Beine, aber kalte Füße auf kaltem Eis! Das spart nicht nur Energie, die Ente klebt im Winter auch nicht auf dem kalten Eis fest. Dass Frauen immer kalte Füße haben, ist dagegen nur ein Vorurteil.

Wahr ist dagegen leider: Kaum fallen die Temperaturen in den Minusbereich, schon ist lästiges Eiskratzen angesagt. Doch mit unserem geballten Wissen wird nun alles besser. Der beste Tipp gegen das lästige Eis ist sicher das Vorbeugen. Wer eine Garage zur Verfügung hat, kommt ohne den Stress am Morgen aus. Sobald die Glasscheibe des Autos kälter ist als ihre Umgebung, kann sich darauf kondensiertes Wasser absetzen und gefrieren. Wasser befindet sich immer auch in der Luft, ob nun durch verdunstendes Wasser im Sonnenschein oder durch Sublimation, also den direkten Übergang von festem Wasser (Eis) in gasförmiges. Bei trockener Luft ist auch das im Winter gut möglich. Wer also keine Garage hat, dem kann schon ein Carport oder eine Plane über der Frontscheibe helfen. Die Wärmestrahlung der Scheibe wird dann nicht so schnell abgegeben und Kondensation vermieden, die Luft unter der Plane oder im Carport bleibt länger warm. Besonders an klaren Abenden ist die Kondensation von Wasser an Autoscheiben gut zu beachten, wenn das Auto im Freien steht, weil die Wärmestrahlung der Scheibe unter freiem Himmel einfacher entweicht, als wenn sie von den Wolken gleichmäßiger reflektiert wird. Die

Luft über dem Auto ist dann insgesamt schneller kühl, die Wärme der Scheibe entweicht schneller.

Ist die Scheibe dann erst einmal vereist, müssen wir auch nur die Physik anwenden, wobei wir das mechanische Kratzen mal außen vor lassen. Das wollten wir uns ja sparen. Da wäre zunächst die Temperaturänderung, um einen Aggregatwechsel zu erreichen. Ein Eimer oder eine Teekanne heißes Wasser kann helfen, birgt aber auch die Gefahr, dass Risse oder Steinschläge in der Scheibe weiter aufreißen. Im Netz kursieren darüber hinaus Anleitungen für einen Multiföhn: eine lange Holzlatte mit fünf Haartrocknern zum Erwärmen der Windschutzscheibe. Mit Blick auf die Stromrechnung finden sich aber sicher noch bessere Methoden. Glühdrähte in der Windschutzscheibe sind natürlich der eleganteste Weg, doch wer eine solche Windschutzscheibenheizung sein eigen nennt, hat dieses Kapitel wahrscheinlich eh direkt überblättert.

Wir könnten natürlich auch den Luftdruck über der Scheibe absenken, um die Siedetemperatur abzumindern. Doch das alleine würde nicht reichen, dann bräuchte es trotzdem noch zusätzliche Wärme, und außerdem ist das aufwendiger, als eine Garage zu bauen. Also weiter in unserer Liste: Kapillarkräfte scheiden aufgrund ihrer geringen Radien leider aus, und die Oberflächenspannung ist auch ein Phänomen, das mehr im flüssigen Zustand eine Rolle spielt. Die Oberflächenspannung bringt uns aber auf die richtige Idee, die mit der Löslichkeit des Wassers zu tun hat. Wenn die Scheibenwischanlage mit Frostschutzmittel versehen ist, hilft manchmal schon ein einfacher Auslöser auf die Sprühdüsen, und Scheibe und Sicht sind wieder frei! Enteiserspray hilft in ähnlicher Weise. Gemein ist beiden, dass sie Alkohol enthalten, meist Isopropanol und Glycerin. Gefriert Wasser bei 0 Grad Celsius, so gilt das nicht für Mischungen von Alkohol und Wasser. Wir können uns das so vorstellen, dass der Alkohol beim Aufbau der festen Strukturen stört. Erst bei deutlich weniger Bewegung, also geringeren Temperaturen, wird das Gemisch fest. Es muss übrigens nicht unbedingt Alkohol sein. Auch Lösungen mit Essig oder Salz haben niedrigere Gefrierpunkte. Eine Mischung von Wasser und Spiritus zu gleichen Teilen sowie ein guter Spritzer Spülmittel in einer Sprühflasche ist ein guter, wenn auch nicht gerade umweltfreundlicher Anfang. Was heißt Anfang, wir sind im Grunde schon am Ende mit unserem Latein! Doch auch das ist eine lehrreiche Erkenntnis: Ordnen wir uns der Physik einfach unter – und tricksen sie im nächsten Winter mit einer einfachen Plane auf der Windschutzscheibe aus. Man muss es ja nicht komplizierter machen, als es ist.

WIR MACHEN EIS

Unser Wissen über Wasser können wir noch für viele andere Dinge anwenden, wo man es kaum vermuten würde. So können wir zum Beispiel einen feuchten Lederschuh einfrieren, um ihn durch die Ausdehnung des Wassers zu weiten, wenn er drückt. Oder wir können mit einer Mischung aus Eis und Salz den Gefrierpunkt des Wassers so herabsenken, dass wir leckeres Speiseeis herstellen können. Schon Napoleons Soldaten nutzten eine Kältemischung aus Salpeter und Eis, um Getränke zu kühlen. Der Gefrierpunkt einer Kochsalz-Eis-Mischung liegt bei –21,3 Grad Celsius. Wie kommt das?

Mischen wir Salz mit Wasser, löst es sich darin auf. Wir haben darüber gesprochen, aber noch nicht, dass dieser Vorgang Energie kostet. Der Chemiker sagt, er ist endotherm, was sich darin zeigt, dass die Umgebung um das Salzwasser ein wenig abkühlt. Mischen wir statt Wasser Eis mit Kochsalz, löst sich das Salz im Eis ebenfalls, wenn auch deutlich langsamer als im Wasser. Auch hier wird Energie benötigt, um die Salzbestandteile aus ihrem Verbund zu lösen. Ein wenig flüssiges Wasser befindet sich stets auf dem festen Eiswürfel, allein schon durch den Luftdruck, der darauf drückt und es ein wenig schmelzen lässt. In diesem flüssigen Wasser löst sich das Kochsalz, und weiteres Wasser schmilzt nach. Im Winter nutzt man diesen Effekt auf Gehwegen, um Eis schmelzen zu lassen. Salze werden weiter gelöst, Eis schmilzt weiter, und beides benötigt Energie, die der Umgebung entnommen wird. Die Umgebung um den Würfel herum wird dadurch merklich kälter. Wenn wir einen Plastikbeutel mit etwas angesetzter Speiseeismischung noch dazwischenlegen, reichen die –21,3 Grad aus, um Speiseeis herzustellen!

Zum Abschluss noch was Glitzerndes

Es wird Zeit, das Wasserkapitel gebührend zu verabschieden: mit einem kleinen Gimmick für das Osternest oder die Geschenke unter dem Weihnachtsbaum. Einen Grund für dieses Buch und meine Leidenschaft für Freihandversuche habe ich ja bereits im Vorwort beschrieben. Ohne das Yps-Heft, die Jugendzeitschrift der Siebziger- und Achtzigerjahre würde ich sicher nicht diesen Satz hier schreiben. Die Gimmicks interessierten mich deutlich mehr, als es der Physikunterricht in der Schule vermochte. Dabei gab es ein Gimmick, das mich immer wieder faszinierte und das hier wenigstens am Rande Erwähnung finden muss: der Kristalltannenbaum!

Kristall-Gimmicks wie dieser Baum waren damals schon etwas Besonderes, weil sie nicht so einfach nachzumachen waren und die dazu verwendeten Lösungen geheim gehalten wurden. Eigentlich funktionieren sie nach einem einfachen Ablauf: Übersättigte Salzlösung auf saugfähiges Papier geben, abwarten und Wasser verdunsten lassen und den schönen Kristallbaum genießen. Für den wirklich schönen Baum aus dem Yps-Heft bedarf es allerdings einer Chemikalie, die nicht so einfach im Supermarkt zu finden ist: das Kaliumdihydrogenphosphat. Wer über ein Labor an diese Chemikalie gelangt, darf sich freuen. Für alle anderen folgt eine abgewandelte Version des Versuchs, bei der wir statt eines Kristallbaums eine Kristall-Eier-Geode mithilfe von Alaunsalz basteln. Als Geoden bezeichnen Geologen rundliche Hohlräume mit mineralischer Füllung. Wir sind aber keine Geologen, sondern Baumarkt-Physiker – für uns sind Geoden einfach nur ein schönes Geschenk und ein angemessener Abschluss für ein Kapitel über einen ganz besonderen Stoff, den wir hier als Lösungsmittel verwenden, um die Kristalle an den richtigen Platz zu bringen. Wie das mit dem Lösen, Kochen, Verdampfen und Wiederauftauchen funktioniert, haben wir hinreichend gelernt. Machen wir jetzt was draus!

WIR BENÖTIGEN DAZU:

ein ausgeblasenes Ei,
Klebstoff,
Alaunpulver (Kaliumaluminiumsulfat) aus der Apotheke,
eine Küchenwaage,
Lebensmittelfarbe,
ein großes Glas,
ein Thermometer,
Wasser,
einen Topf,
einen Löffel,
eine Schere,
eine Untertasse,
einen Messbecher.

DURCHFÜHRUNG:

1. Wir pusten ein Ei aus, schneiden es vorsichtig längs auf und spülen die beiden Eierschalenhälften aus. Die Hälften werden getrocknet und innen mit Klebstoff bestrichen. Mit Alaunpulver wird die Innenseite komplett bedeckt.
2. Ca. 12 g Alaun wiegen wir mit der Waage ab. 60 ml Wasser erhitzen wir im Kochtopf auf ca. 60 °C. Das heiße Wasser und die 12 g Alaun geben wir dann in das Glas und rühren um.
3. Wir geben weiter Alaun hinzu und rühren um, bis sich nichts mehr im Wasser löst. Es darf kein ungelöstes Alaun im Wasser schwimmen! Ein Kaffeefilter kann hier helfen, letzte Reste zu entfernen. Zum Abschluss geben wir noch ein wenig Lebensmittelfarbe in die Lösung.
4. Die Eierschalen werden in das Glas gelegt und ein Tag abgewartet.

Kapitel 3

Es (f)liegt was in der Luft

Über den Wolken ...

... muss die Freiheit wohl grenzenlos sein, sang Reinhard Mey bereits 1974. Ein Kindheitstraum nicht nur von Luftfahrtpionieren oder Wissenschaftlern, nein, als Kind haben wir doch alle verträumt in den Himmel geschaut und uns die Welt über den Wolken vorgestellt, auch wenn wir dem Firmament mit unseren Papierfliegern oder dem ersten Drachen nur ein kleines Stückchen näher kamen.

Der Himmel fasziniert ja allein schon deshalb, weil er so schwer zu erreichen ist. In vielen Religionen lokalisiert er das Überirdische und Göttliche, ist Heimat übernatürlicher Wesen, Erscheinungen und der Götter selbst. Der Himmel hat dabei immer etwas Flüchtiges, Transzendentes. Er ist Hoffnungs- und Sehnsuchtsort für ein Leben nach dem irdischen Tod und positives Gegenstück zur Hölle in den Tiefen der Erde. Ganz ohne Grund entstehen all diese Vorstellungen natürlich nicht. Wissenschaftlich gesehen, ist da oben nämlich tatsächlich so einiges los, was die Sinne und den Forschergeist anregt – und zwar weit über einen morgendlichen Himmel in einer Wolkenlandschaft, einen Sonnenuntergang kurz vor der blauen Stunde an einem Sommerabend oder einen Gewittersturm mit Blitz und Donner hinaus. Nicht umsonst mahnte uns der berühmte Physiker Stephen Hawking in seiner letzten Videobotschaft: »Schaut zu den Sternen und nicht hinab auf eure Füße.«

Also Kopf hoch, wir sind doch zu Höherem geboren! Von Luft alleine kann man auch als Luftikus nicht leben, und Luftschlösser wollen wir hier auch nicht bauen, aber noch ist die Luft nicht raus, wir lassen uns nicht wie Luft behandeln, aus der Luft gegriffen ist dieses Thema schon gar nicht, und es hat sich auch noch nicht von alleine in Luft aufgelöst. Es liegt was in der Luft, wir machen viel Wind um die Sache, seit wir Wind davon bekommen haben, ohne ein Fähnchen im Wind zu sein oder gegen Windmühlen zu kämpfen. Also, keine Löcher in die Luft starren und einfach mal die Luft anhalten! Puh, diese ganzen Wortspiele mit der Luft bringen einen ganz schön aus der Puste, oder?

Die Luft um und über uns hat Menschen schon immer in vielerlei Hinsicht inspiriert. Kein Wunder, verbringen wir doch unser gesamtes Leben mit dem Ein- und Ausatmen von Luft, einen großen weiteren Teil damit, Staub zu saugen, an Trinkhalmen zu nuckeln, unsere Haare zu föhnen, Laub wegzublasen, Fahrradreifen mit Druckluft zu befüllen oder mit luftgepolsterten Turnschuhen zu laufen. Luft ist eine unserer natürlichen Lebensgrundlagen, die Atmosphäre, die uns umgibt, bestimmt und gestaltet unsere Umwelt. Sie kann uns wärmen oder kühlen, nass machen oder sogar über die Wolken tragen, falls wir mal mit einem Gleitschirm durch die Lüfte schweben. Womit wir wieder bei unserem Kindheitstraum vom Fliegen wären. Wollten wir nicht schon als Kind den Hamster unserer Schwester zum Astronauten machen, wie Sean Connery als James Bond mit einem Raketenrucksack zur Schule düsen oder bei einer Geburtstagsparty wie Superman den Stau am Büffet umfliegen? (Genau genommen konnte Superman ursprünglich gar nicht fliegen, und nur auf Grund seiner massiven Kräfte, die er auf seinem Heimatplaneten Krypton mit einer viel höheren Schwerkraft erhielt, sehr hoch springen. Heute ist er als Flugobjekt am Himmel neben Vögeln und Flugzeugen aber etabliert.)

»Das einzig Gefährliche am Fliegen ist die Erde«, wussten schon die Gebrüder Wright zu sagen, die damit als Flugpioniere leidlich viel Erfahrung hatten. Das Problem mit dem Fliegen beginnt in der Tat schon am Boden. Wenn wir der Erde entkommen wollen, müssen wir sehr schnell sein, schneller als die Gravitation, die uns in Richtung Boden beschleunigt. Nach oben zu kommen ist das erste physikalische Problem, oben zu bleiben das zweite, und wieder heil runterzukommen das dritte. Wer dauerhaft in der Luft bleiben will, muss physikalische Prinzipien beherrschen, die uns am Boden nicht unbedingt immer bewusst sind. Insekten und Vögel haben es da einfacher, sie sind ja auch die Streber der Natur, was das Fliegen angeht.

Der Wanderfalke rast im Sturzflug mit bis zu 340 Stundenkilometern auf seine Feinde zu und schafft es dabei noch seinen Mittagssnack zu verspeisen. Nebenbei ist er mit diesem Kunststück das schnellste Tier überhaupt. Behäbiger geht es die afrikanische Riesentrappe an. Sie zählt mit 19 Kilogramm zu den fliegenden Schwergewichten, hält sich aber trotz Übergepäck wacker in der Luft. Die Kanadaschnepfe ist mit acht Stundenkilometern der langsamste Streckenflieger. Staugeplagte Dauerpendler werden sagen, dass sie damit immer noch schneller ist als das Auto in der morgendlichen Rushhour zum Arbeitsplatz. Im Pendeln sind Vögel eh viel professioneller als wir. Die Küstenseeschwalbe zum Beispiel pendelt zwischen Nord-

und Südpol und legt dabei jedes Mal stolze 30 000 Kilometer zurück. Bei den Insekten ist der Monarchfalter ein wahrer Langstreckenflieger: Zum Überwintern fliegt der orange-schwarze Schmetterling von Kanada nach Mexiko, macht hin und zurück insgesamt etwa 7000 Kilometer in der Flatterklasse. Libellen gehören in der Kategorie Langstrecke zu den absoluten Überfliegern im Insektenreich. Manch eine fliegt gerne mal 18 000 Kilometer über die Malediven und Seychellen bis nach Ostafrika und wieder zurück. Am ausdauerndsten von allen Lebewesen fliegt aber wahrscheinlich die tropische Rußseeschwalbe, die nachgewiesenerweise zu drei Jahren in der Luft verbringt. Vermutet wird, dass sie sogar bis zu zehn Jahre ununterbrochen in der Luft verbringen kann. Solche Zeiträume kommen in der Rushhour am Boden auch nur sehr selten vor. Der Sperbergeier betrachtet all dies von einer höheren Ebene aus. Er ist mit 11,2 Kilometern Flughöhe der am höchsten fliegende Vogel und kommt damit schon dicht an die Stratosphäre heran. Bei den Insekten wurde der Kleine Fuchs, ein Wanderschmetterling aus unseren Breitengraden, immerhin schon im Himalaja auf 5791 Metern Höhe gesichtet. Nur die Hummel kann nicht fliegen, aber sie weiß das nicht und fliegt einfach trotzdem. Doch dazu kommen wir später noch.

Da staunt der Laie, und der Fachmann wundert sich, warum es uns Menschen dann so schwerfällt zu fliegen. Mit Sohn Ikaros und Vater Daidalos fing es in der griechischen Mythologie schon schwierig an. Daidalos hatte Theseus Hinweise gegeben, wie er mit dem Faden der Ariadne aus dem Labyrinth von König Minos entkommen konnte, nachdem er den Minotauros getötet hatte, und nun drohten er und sein Sohn selbst im Labyrinth festgesetzt zu werden. Mit Wachs, Federn und Gestänge baute der findige Techniker Daidalos sogleich ein paar Flügel, um Kreta auf dem Luftweg zu verlassen, weil König Minos das Meer kontrollierte. Trotz Mahnung an den Sohn, nicht zu hoch (an die Sonne) oder zu tief (ans Meer) zu fliegen, ging die Sache kurz hinter der Insel Delos schief. Ikaros stieg zu hoch auf, das Wachs in den Flügeln schmolz, und der Sohn stürzte ins Wasser und starb. Die Insel, auf die er gespült wurde, heißt bis heute Ikaria, und eine Deutung des berühmten Mythos lautet: Wer dem Himmel zu nah kommt, wird von den Göttern bestraft.

Der Ansatz, sich mit Schwingen in die Luft zu erheben, hatte drei grundsätzliche Probleme, die die Geschichte heute eindeutig als Mythos entlarven – mal ganz abgesehen davon, dass es zu Beginn der Geschichte um einen menschenfressenden Mann mit Bullenkopf und Hörnern geht, der von einem Stier gezeugt wurde. Die Baustoffe waren ungenügend, die Kraftquelle und das Wissen über den Auftrieb der Luft ebenso. Aus der Antike ist neben Mythen nur der Bau einer Modelltaube überliefert: der Taube des Archytas. Gleitflüge über mehrere Hundert Meter gelangen erst im Mittelalter dem englischen Benediktinermönch Eilmer von Malmesbury oder dem andalusischen Gelehrten Abbas Ibn Firnas. Generell hatte vor allem das christliche Abendland zu dieser Zeit eine ablehnende Haltung gegen das Fliegen, das im Volksglauben vordringlich in Verbindung mit Geistern, Feen, Dämonen und Engeln gebracht wurde. Auch Hexen standen zu dieser Zeit hoch im Kurs, wenn man so will. Die brauchten zum Fliegen nur einen Besen und eine Flugsalbe, wer brauchte damals schon Physik?

In der Renaissance schließlich entwarf Leonard da Vinci verschiedene helikopterartige Flugapparate, die für seine Zeit zwar schon sehr gut durchdacht, aber dann doch noch nicht flugtauglich waren. Vom Schritt zum Sprung zum Flug ging es dann über Modellhubschrauber, bewegliche Schwingen, mit heißer Luft oder Wasserstoff gefüllte Ballons, Gleiter und viele Vordenker hinweg bis zu den Gebrüdern Montgolfier, Otto Lilienthal, Ferdinand Graf von Zeppelin und den Gebrüdern Wright zu Beginn des 20. Jahrhunderts und den ersten Motorflugzeugen und Luftschiffen. Den Weg der Profis bis zum ersten Linienflug oder dem Überschallflug der Concorde müssen wir hier nun nicht gleich gehen. Eine Flasche in die Luft zu bekommen oder eine Spielfigur mit dem Heißluftballon auf die Reise zu schicken sollte für unsere Zwecke fürs Erste reichen, oder nicht? Bevor wir aber in die Luft gehen, schauen wir uns das Phänomen Luft erst einmal genauer an. Grundlagen first!

Das Nichts, konstante 600 Trillionen und die »Veggie-Vibes«

Wir wollen abheben? pVNRT! Mehr müssen wir im Grunde dazu nicht wissen. Hinter der einfachen Buchstabenfolge versteckt sich die Arbeit von vielen renommierten Wissenschaftlern, wie Edme Mariotte, Robert Boyle, Guillaume Amontons, Amedeo Avogadro, Joseph Louis Gay-Lussac oder Émile Clapeyron. Ihre Errungenschaften sind nicht so bekannt wie das berühmte $E = mc^2$ von Albert Einstein, aber mindestens genauso wichtig für die Physik und letztlich auch für unser Problem mit dem Fliegen. Bevor wir aber zu den Herrschaften und ihren fünf Buchstaben weiter vordringen, fangen wir mal mit einer etwas einfacheren Betrachtung und einer weniger philosophischen Quizfrage an, die vielleicht irgendwann einmal zwischen uns und einer Million Euro stehen könnte.

Welches Lebewesen hält es am längsten ohne Luft aus?
a) Der Eisbär
b) Der Kaiserpinguin
c) Der Schnabelwal
d) Der Mensch

Und, wer weiß es? Telefonjoker eingesetzt? Hier kommt die Lösung: Mit nur zwei Minuten ist der Eisbär nicht viel besser als der durchschnittliche Mensch. Den Rekord im Apnoe-Freitauchen beim Menschen hält übrigens der Däne Stig Severinsen mit 22 Minuten und liegt damit knapp vor dem Kaiserpinguin, der etwa zwanzig Minuten ohne Luft auskommt. Aber alles Training nützt hier nichts, denn Schnabelwale, die deutlich über zwei Stunden lang die Luft anhalten können, sind der glasklare Gewinner.

Was uns diese Quizfrage vor Augen führt? Nun, wer bisher dachte, dass die Luft um uns herum im Grunde ein Nichts wäre, der bemerkt seinen Irrtum spätestens, wenn sie ihm ausgeht. Doch etwas Unsichtbares, durch das wir uns auch noch bewegen können, dingfest zu machen war für Wissenschaftler gar nicht so einfach. Und offen gesprochen: Wer macht sich im Alltag schon bewusst, was da genau zwischen der eigenen Nasenspitze und dem nächsten Gegenstand vor uns alles los ist?

In einigen Alltagserfahrungen tritt die Luft mit ihren Eigenschaften für uns offen zutage. Ein Glas, das wir kopfüber unter Wasser halten, oder eine Luftpumpe, deren Öffnung wir zuhalten, während wir pumpen, ein einfacher Karton, mit dem wir hin und her wedeln, oder eine große Plastiktüte, die wir im Laufen mit Luft befüllen, zeigen uns sehr anschaulich, dass Luft nicht nichts und ohne jede Eigenschaft ist. Besonders gut spürbar ist die Luft bei einer Fahrt im Auto im Sommer. Zunächst ist da diese drückende Hitze im Raum, wenn wir uns in das Auto, das schon den ganzen Tag in der prallen Sonne stand, setzen. Also gleich die Fenster auf! Ein leichter Windzug verschafft Kühlung, doch erst mit dem Öffnen des Schiebedachs (falls vorhanden) kommt so richtig Zirkulation in die Luft. Bei der Fahrt auf der Landstraße halten wir die Hände aus dem Fenster und spüren, wie sich Luft mit einem Tempo von 70 Stundenkilometern anfühlt.

Doch im ganz normalen Alltag fällt uns die Luft in der Regel weniger auf. Um unsere Aufmerksamkeit zu schärfen, fangen wir das Kapitel deshalb gleich mal mit einem einfachen kleinen Zaubertrick an.

LUFT IST NICHT NICHTS

WIR BENÖTIGEN DAZU:

zwei leere PET-Flaschen,
zwei Luftballons,
zwei Trichter,
etwas Knetmasse,
einen Nagel,
eine Wäscheklammer,
ein Teelicht,
eine schwer brennbare Unterlage
(z. B. einen Teller),
eine Schale oder eine Wanne,
Wasser.

DURCHFÜHRUNG:

1. Wir stellen das Teelicht auf einen Teller und zünden es an.
2. Wir spannen den Nagel in die Wäscheklammer und erhitzen ihn in der Flamme des Teelichts.
3. Wir brennen mit dem heißen Nagel ein kleines Loch in den Boden einer leeren PET-Flasche.
4. Wir nehmen eine weitere PET-Flasche zur Hand, stülpen über beide Flaschenöffnungen einen Luftballon und drücken ihn in die Flaschenhälse.

5. Wir versuchen, den Ballon in den Flaschen aufzupusten.
6. Wir nehmen die Ballons wieder aus den Flaschen heraus und stellen die Flaschen in eine Schale oder Wanne.
7. Wir stellen je einen Trichter in die Flaschenöffnungen und dichten den Rand um die Flaschenöffnungen mit Knetmasse luftdicht ab.
8. Wir füllen Wasser in beide Trichter, sodass sie bündig mit Wasser gefüllt sind. Wir heben die Flasche mit dem Loch im Boden an.

BEOBACHTUNGSAUFTRÄGE:

a) Warum lässt sich der eine Luftballon aufpusten und der andere nicht?
b) Was passiert, wenn du das Loch beim Aufpusten des Luftballons oder beim Befüllen mit Wasser zuhältst?
c) Welche Rolle spielen die Größe der Trichteröffnung und die Geschwindigkeit beim Eingießen des Wassers in den Trichter?

Ein fieser Trick, wenn man die Flasche ohne Loch einem Freiwilligen zuspielt, der dann verzweifelt versucht, den Ballon in der Flasche aufzupusten. Es wird kaum gelingen. Nur ein Stück weit lässt sich der Ballon unter hoher Kraftanstrengung aufpusten. Einfacher haben wir es da mit einem Loch in der Flasche: Hier füllt der Ballon den gesamten Flaschenraum aus.

Ganz gemein wäre es, wenn wir unserem Freiwilligen dann auch noch anbieten würden, den Versuch mit unserer Flasche zu wiederholen. Getarnt als freundliche Hilfestellung hielten wir nicht nur die Flasche, sondern heimlich auch noch das Loch zu. Aber wer ist schon so gemein?

Im Zusatzversuch mit den Trichtern wird ebenso deutlich, welchen Unterschied ein kleines Loch ausmachen kann. In den abgedichteten Flaschen kann das Wasser nur durch den Trichter einströmen. Füllen wir es langsam ein, lässt sich die Flasche meist Schluck für Schluck befüllen. Es hängt auch von der Größe des Trichters ab, ob am Rande der Trichteröffnung noch Luft bleibt. Ist der Trichter aber erst einmal komplett mit Wasser bedeckt, fließt kein Wasser mehr in die Flasche ab. Ganz anders sieht es natürlich in der Flasche mit dem Loch im Boden aus, besonders wenn wir die Flasche anheben und das Wasser nach unten herauslaufen kann. Das kleine Luftloch macht die Flasche zu einem Fass ohne Boden.

Auf die Spitze lässt sich der Versuch mit einer kleinen Abwandlung treiben, und zwar indem wir in eine Plastikflasche mehrere kleine Löcher brennen oder stechen, die wir mit Klebeband erst einmal wieder verschließen. Wir befüllen dann die Flasche, verschließen sie mit ihrem Deckel und ziehen das Klebeband wieder ab. Zum Schluss stellen wir sie vorsichtig bei einem Arbeitskollegen auf den Tisch. Solange der Deckel auf der Flasche steckt, bleibt das Wasser in der Flasche. Erst beim Öffnen des Flaschendeckels strömt das Wasser aus den Löchern und auf die Hose des Streichopfers. Solange die Löcher nicht groß genug sind, dass Wasser ausströmt und gleichzeitig Luft nachströmt, lässt sich mit diesem Scherzartikel trefflich Schabernack treiben. Der Baumarkt-Physiker in uns merkt aber sofort: Damit der Spaß funktioniert, muss Luft nachströmen. Doch was passiert, wenn wir nun einen Schritt weitergehen und die Luft nicht nachströmen lassen, sondern aus dem Spiel nehmen? Wir bauen dazu eine Vakuumpumpe!

EIN SELBST GEMACHTES VAKUUM

WIR BENÖTIGEN DAZU:

ein Marmeladenglas,
einen Strohhalm,
einen Nagel,
einen Hammer,
etwas Knetmasse,
Marshmallows.

DURCHFÜHRUNG:

1. Wir schlagen mit Hammer und Nagel ein Loch in den Deckel des Marmeladenglases, das groß genug für den Strohhalm ist.
2. Wir legen die Marshmallows in das Marmeladenglas und schrauben den Deckel auf das Glas.
3. Wir stecken den Strohhalm in das Loch und dichten das Loch mit der Knetmasse ab.
4. Wir saugen die Luft mit kräftigen Zügen aus dem Glas.

BEOBACHTUNGSAUFTRÄGE:

a) Warum werden die Marshmallows größer, wenn du die Luft aus dem Glas saugst?

b) Was passiert, wenn du das Loch nicht richtig abdichtest?
c) Was passiert, wenn du in den Strohhalm pustest?
d) Was spürst du an deinem Mund?
e) Wie kannst du noch mehr Luft aus dem Glas saugen?

Mit viel Mühe und Saugkraft lässt sich bei dieser wahrscheinlich einfachsten Vakuumpumpe der Welt beobachten, wie die Marshmallows ein wenig größer werden, je mehr Luft wir absaugen. Saugen wir, wird der Marshmallow größer, pusten wir dann wieder, wird er wieder kleiner. Der Mund und unsere Lunge sind dabei ganz schön in Arbeit. Vielleicht »klebt« der Strohhalm sogar an unserer Lippe fest. Wem das alles zu anstrengend ist, der kann das Experiment auch noch ein bisschen professioneller gestalten und mit einer technischen Apparatur noch mehr Luft aus dem Glas saugen. Technisch einfach lässt mithilfe einer handelsüblichen Unterdruckpumpe für das männliche Geschlechtsteil ein Unterdruck erzeugen. Die Unterdruckpumpe (»Penispumpe«) nach Zabludowsky ist eine Erfindung aus dem 20. Jahrhundert und bedeutsam, weil sie bestimmt schon dem ein oder anderen Herren mit »erektiler Dysfunktion« weiterhelfen konnte. Sie ist nichts anderes als eine Luftpumpe, die einen Unterdruck erzeugt, durch ihren Anwendungsbereich aber schon etwas sehr Intimes und leicht Anstößiges. Wir basteln dann doch lieber eine eigene Unterdruckpumpe mithilfe von ein paar Fahrradventilen. Dafür schlagen wir in den Deckel eines Marmeladenglases ein Loch, in das gerade so ein Fahrradventil passt. In eine große Plastikspritze brennen wir mit einem heißen Nagel ein zusätzliches Loch dicht neben der Spritzenöffnung. Hier setzen wir ein weiteres Fahrradventil ein. Beide Ventile werden mit Sekundenkleber fest verklebt und kleine Öffnungen abgedichtet. Unbedingt darauf achten, dass die Luft dabei durch die Ventile fließen und Luft nur aus dem System austreten und nicht wieder eintreten kann. Mit einem feinen Plastikschlauch lassen sich Spritzenöffnung und Marmeladenglas nun verbinden. Fertig ist eine einfache Vakuumpumpe, die die Luft aus dem Marmeladenglas saugt und aus dem Ventil an der Spritzenseite abgibt. Mit diesem Aufbau lassen sich nicht nur luftige Marshmallows, sondern auch kleine Schokoküsse dazu bewegen, aufzugehen. Auch Seifenschaum geht im Marmeladenglas weiter auf, und wie wir aus dem Wasser-Kapitel wissen, lässt sich warmes Wasser bei sinkendem Druck auch eher zum Sieden bringen.

Schauen wir mal genau hin, was bei den zwei Versuchen zu erkennen war. Zunächst stellten wir fest, dass Luft einen Raum einnimmt und dabei zwar kompressibel ist, aber nur wenn man Kraft auf die Luft ausübt. Entfernen wir die Luft, wird dieser Raum frei für andere Dinge, wie das nachströmende Wasser oder die Luft in Marshmallow, Schokokuss oder Seifenschaum, die den frei gewordenen Raum gleich einnahm und die sie umgebende Hülle gleich mitnahm. Damit haben wir bereits zwei Faktoren des geheimnisvollen Kürzels pVNRT entlarvt: p kennen wir ja bereits, zum Beispiel vom kartesischen Taucher, es steht wie gehabt für den Druck (Englisch für *pressure*), und der Buchstabe V steht für das Volumen.

Konzentrieren wir uns zum besseren Verständnis aber erst einmal auf den Faktor, der sich hinter dem Buchstaben N verbirgt. Luft ist, wie wir längst wissen, nicht nichts. Luft besteht aus verschiedenen Molekülen und Atomen, die sich im gasförmigen Zustand befinden. Wir haben schon in den vorangegangenen Kapiteln viel darüber herausgefunden. Wie auf einer Tanzparty sind die Moleküle im gasförmigen Zustand in Bewegung, in ziemlich schneller Bewegung sogar. Ihre Bewegungsenergie ist so groß, dass sie nicht mehr in größeren Verbänden zusammenhalten. Sie verteilen sich gleichmäßig im ihnen zur Verfügung stehenden Raum und nehmen entsprechend viel Abstand zueinander ein. Die Dichte eines Gases ist etwa 1000-mal geringer als die Dichte einer Flüssigkeit, der Abstand der einzelnen Moleküle zueinander etwa zehnmal größer als ihr eigener Durchmesser. Ab und an stoßen sie einander trotzdem an und verhalten sich dabei etwa so mechanisch wie aufeinanderstoßende Billardkugeln. Ansonsten sind die Kräfte, die sie oder andere auf sie ausüben, relativ gering. Nur bei direktem Kontakt wirken sie stark abstoßend. Alles übrigens Aussagen, die man fast genauso auch über die Spielfreunde meines Sohnes an einem heißen Sommertag sagen könnte.

Laut der kinetischen Gastheorie gelten diese Eigenschaften aber nicht nur für herumtollende, vorpubertäre Jungs, sondern weitestgehend für alle Gase. Mit der Analogie wird aber sofort klar, dass sich die Eigenschaften eines Gases in einem Raum ändern, wenn noch mehr Spielbesuch an der Tür klingelt. Wenn wir davon ausgehen, dass sich alle Jungs im Raum gleich schnell bewegen und der Raum gleich groß verbleibt, kommt es unweigerlich zu mehr Kollisionen, weil sich der Abstand zwischen den herumrasenden Teilchen zwangsläufig verringern muss. Mit ein wenig väterlichem Druck (p) ist es denkbar, auch mehr Teilchen aufzunehmen, doch wenn die Kraft dazu fehlt, ist der Raum irgendwann voll, und die zusätzlichen Spielfreunde bleiben vor der Tür.

Viele Geschichten lassen sich so stricken, und der findige Leser erkennt schon, dass es sich dabei um ein Zusammenspiel von allen Buchstaben des pVNRT-Kürzels drehen muss. Wir bleiben in diesem Abschnitt aber erst einmal beim Buchstaben N und der Frage: »Wie viele Spielfreunde passen in einen Raum?« oder genauer: »Wie viel Luft ist eigentlich in der Luft?«

Im gasförmigen Zustand lässt sich das unter (idealen) Normalbedingungen recht einfach sagen. Das hängt mit der Loschmidt- oder Avogadro-Konstanten zusammen. Diese besagt, dass ziemlich genau 600.000.000.000.000.000.000.000 ($6 \cdot 10^{23}$) Teilchen in einem Volumen von 22,414 1 Litern bei 0 Grad Celsius und einem Druck von 101,325 kPa enthalten sind. Einleuchtend, oder?

Natürlich nicht, und natürlich sind all diese Zahlen und Größenordnungen keine Willkür. Sie stehen für komplexe Zusammenhänge, die wir eben schon ganz einfach sehen konnten. Nehmen wir einzelne Luftteilchen aus dem Marmeladenglas heraus, breitet sich der Rest der Luftteilchen weiter im Glas aus. Weniger Kollisionen bedeuten weniger Kraft, die das Gas nach außen auf Flächen ausübt, also weniger Druck (p). Aber zunächst einmal zu den $6 \cdot 10^{23}$ Teilchen, einer Menge an Teilchen, die Chemiker definiert haben und die uns schon einmal im Wasser-Kapitel begegnet ist (in einem Schnapsglas). Wir erinnern uns: Auf dem Wochenmarkt hat sich der Begriff Pfund für ein halbes Kilogramm durchgesetzt, der Zentner für 50 Kilogramm oder das Dutzend für die Menge zwölf. Weniger gebräuchlich sind heute das Schock (fünf Dutzend = 60), das Gros (zwölf Dutzend = 144) oder das Maß (zwölf Gros oder ein Dutzend Gros = 1728). Händler mussten mit diesen Mengen täglich umgehen, und da machte sich ein Maß eben leichter als die Zahl 1728. Chemiker haben es mit noch viel größeren Zahlen zu tun, und so wurde definiert, dass ein System, das ebenso viele Teilchen enthält, wie 12 Gramm des Kohlenstoffnuklids ^{12}C genau einmal $6 \cdot 10^{23}$ Teilchen enthält. Statt vom großen Wert spricht man dann von einer Stoffmenge 1 mit der Einheit Mol. Ein Mol enthält also immer $6 \cdot 10^{23}$ Teilchen, 600 Trillionen, zwei Mol entsprechend genau die doppelte Menge.

Der italienische Physiker Amedeo Avogadro befasste sich schon um 1800 mit dem Thema und erkannte, dass Gase bei gleicher Temperatur und gleichem Druck auch immer das gleiche Volumen einnehmen und die gleiche Anzahl an Teilchen enthalten. Verbinden sich zum Beispiel Wasserstoff und Sauerstoff zu einem Wassermolekül, so tun sie dies (unter idealen Bedingungen) immer im Volumenverhältnis 2:1. Zwei Anteile Wasserstoff und ein Anteil Sauerstoff reagieren nicht nur unter heftigem Knall, sondern auch vollkommen ohne zurückbleibendes Gas. Die erstaunliche Erkenntnis von Avogadro war vor allem, dass

Gase, egal aus welchen Atomen oder Molekülen sie bestehen, ihre Eigenschaften vor allem durch die Anzahl an Teilchen erhalten und kaum von ihren eigenen atomaren Eigenheiten und Eigenschaften. Avogadro zu Ehren wird die Zahl N für die Stoffmenge daher auch Avogadrokonstante genannt. Sein Kollege Loschmidt, von dem vorhin die Rede war, gab sie als Zahl seiner Lohschmidt-Konstante vor, jedoch in Bezug auf Moleküle in einem Volumen und nicht auf eine Teilchenmenge. Kurzum: Loschmidt spricht von Teilchen in einem Volumen und Avogadro von Teilchen pro Stoffmenge Mol.

Bemühen wir bei der Erkenntnis über Gase und ihre Eigenschaften ein letztes Mal unsere Analogie zu den Spielfreunden: Jungs sind halt Jungs, ab einem bestimmten Punkt bzw. einer bestimmten Menge verhalten sie sich alle gleich, nicht wahr? Unser Buchstabenrätsel in vier Abschnitten ist für den Buchstaben N, die Avogadrokonstante, damit eigentlich schon geklärt. Nutzen wir den Rest des Abschnitts für ein wenig Spielerei mit der Erkenntnis, dass Luft mehr ist als nichts, und machen ein bisschen Musik mit ihr! Das ginge nämlich nicht, wäre die Luft wirklich transzendent. Wir basteln uns dazu erst einmal ein paar gängige Self-made-Musikinstrumente: Wie wäre es mit einer Bierflaschen- oder Karottenflöte? Oder doch lieber die Strohhalmpanflöte?

DIE KAROTTENFLÖTE

DIE BIERFLÖTE UND STROHHALMPANFLÖTE

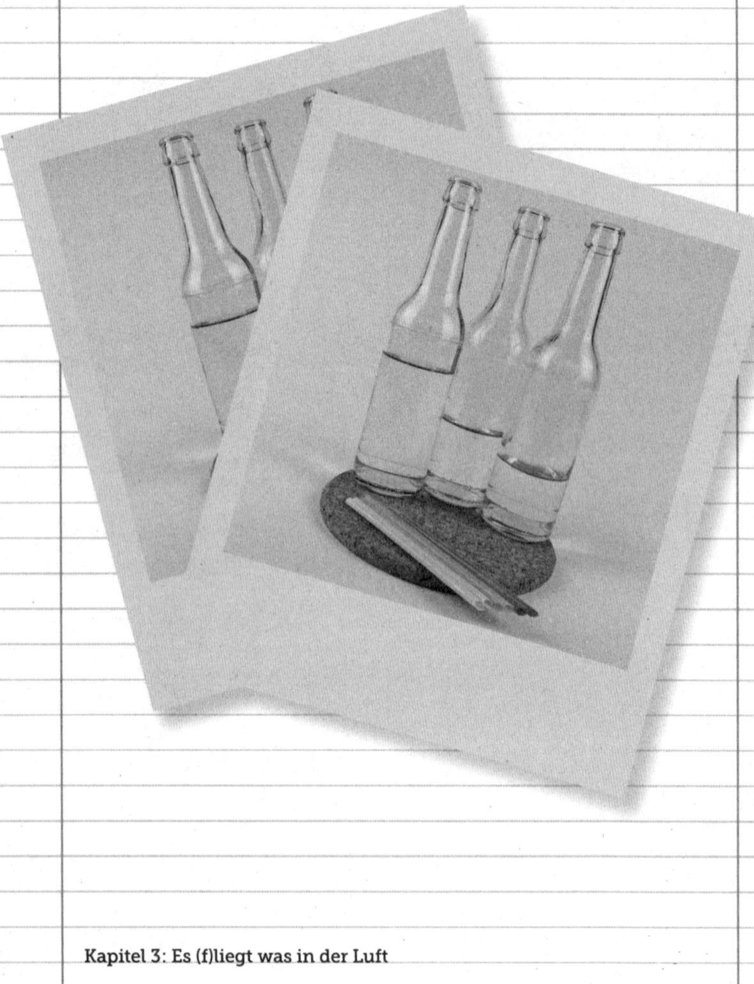

WIR BENÖTIGEN DAZU:

sechs leere Bier- oder andere Glasflaschen,
sechs Strohhalme,
eine Rolle Klebeband,
eine Schere,
einen Akkubohrer,
einen Holzbohrkopf,
ein Brett,
ein scharfes Messer,
einen Kartoffelschäler,
eine Karotte,
Wasser.

DURCHFÜHRUNG BIERFLÖTE:

1. Wir nehmen sechs leere Bier- oder andere Glasflaschen und füllen sie mit unterschiedlich hohen Wasserständen.
2. Wir spielen auf der Bierflöte, indem wir die Unterlippe an die Flaschenöffnung je einer Flasche legen und über die Öffnung pusten.

DURCHFÜHRUNG STROHHALM-PANFLÖTE:

1. Wir legen sechs Strohhalme direkt nebeneinander und umwickeln sie mit einem Klebeband.
2. Wir legen die Schere an ein Ende der Strohhalmreihe an und machen einen schrägen Schnitt, sodass jeder Strohhalm eine unterschiedliche Länge bekommt.
3. Wir spielen auf der Strohhalmpanflöte, indem wir die Unterlippe an die gerade Strohhalmreihe legen und über die Öffnungen pusten.

DURCHFÜHRUNG KAROTTENFLÖTE:

1. Wir schälen eine möglichst große Karotte und legen sie neben einem Messer und einem Brett bereit.
2. Wir schneiden das obere Ende der Karotte etwa ein Finger breit unter der Spitze ab und legen es für weitere Schritte zur Seite.
3. Mit einem auf die Karottendicke abgestimmten Bohrkopf höhlen wir die Karotte mit dem Akkubohrer von oben nach unten aus. Das untere Ende der Karotte bleibt weiter verschlossen.
4. Wir schneiden nun eine dreieckige Flötenöffnung. Dazu legen wir das Messer etwa 1,5 bis 2 cm von der oberen Öffnung entfernt an den Rand an und schneiden etwa ein Drittel der Karottendicke gerade durch die Karotte hindurch. Nun schneiden wir etwa 1,5 cm weiter unten schräg auf diesen Schnitt zu.
5. Aus dem zu Beginn abgeschnittenen oberen Karottenende schnitzen wir einen Stopfen, der in unsere

gebohrte Öffnung am Mundstück passt. *Achtung:* Der Stopfen darf nicht perfekt passen. Eine Seite des Stopfens schnitzen wir nicht rund sondern gerade, sodass ein dünner Spalt zwischen Stopfen und Flötenschaft bleibt.

6. Wir schieben den Stopfen in den Flötenkopf und achten dabei darauf, dass die flache Seite in Richtung der dreieckigen Flötenöffnung zeigt. Wir bohren vorsichtig drei bis vier weitere Öffnungen in die Oberseite der Flöte. Die Löcher müssen dabei so gebohrt werden, dass sie mit dem mittleren Flötengang verbunden sind – wie bei einer normalen Holzblockflöte.
7. Wir spielen die Karottenflöte, indem wir die Unterlippe an den Flötenkopf anlegen und in den Spalt am Stopfen pusten. Mit den Fingern halten wir alle Löcher dabei zu und öffnen zum Spielen einzelne Löcher.

BEOBACHTUNGSAUFTRÄGE:

a) Wie hört sich der Ton der Bierflaschen an, wenn sie vollkommen gefüllt sind?
b) Wie wirken sich andere Füllungen, zum Beispiel Sand, auf den Ton aus?
c) Welche Rolle spielt die Länge des Strohhalms für den entstehenden Ton?
d) Wozu dienen die Löcher in der Karottenflöte?

Eine Flöte (vom lateinischen Wort »flatare« für »kontinuierlich blasen«), mittelhochdeutsch auch Floite oder Flaute genannt, führt beziehungsweise lenkt die Luft, um Töne zu erzeugen. Ein Fachbegriff für Blasinstrumente ist daher auch Ablenkungs-Aerofon. Die Sache funktioniert folgendermaßen: Ein Luftstrom bewegt sich über eine Kante, die dadurch in Schwingung gerät. Das ist viel alltäglicher, als man denken könnte. Schon wenn man eine Pappkarte in der Luft schwenkt, entsteht ein Ton als Folge von Luft, die in Bewegung gesetzt wird. Hörbare Schwingungen umgeben uns quasi permanent, dafür braucht es keine Flöten. Aber die machen es besonders anschaulich.

Gespielt wird die Flöte üblicherweise längs oder quer, am Stück oder auf mehrere Röhren verteilt wie bei unserer Strohhalmpanflöte, und das schon seit Jahrtausenden. Die ersten Flöten sind wohl die ältesten Musikinstrumente überhaupt. Meist wurden sie aus Vogelknochen oder Mammutelfenbein hergestellt, manchmal auch aus Holz, das heute nur noch schwer zu finden ist, weil es die lange Zeit nicht überdauert hat. Die älteste erhaltene Holzflöte stammt aus der späten Bronzezeit (1300 bis 800 v. Chr.). Besonders beliebt war zu früheren Zeiten die Panflöte. Ihr Name kommt der antiken Sage nach vom Hirtengott Pan, der eine Frau heiraten wollte. Sie wollte das aber nicht und wurde deswegen von den Göttern in ein Schilfrohr verzaubert. Aus dem Rohr bastelte der traurige Pan eine Flöte, mit der er gegen den Gott Apollo antrat. Die Panflöte ist etwa 4000 v. Chr. an verschiedenen Stellen der Welt entstanden. Sie ist sowohl in Europa, Asien, Südamerika wie auch in Polynesien zu finden.

Überspringen wir ein paar Jahrtausende Flötenhistorie und landen wieder bei unseren selbst gebauten Instrumenten und der Erkenntnis, wie Töne entstehen. Deutlich macht uns das ganze Phänomen bereits unsere Bierflöte, die zusammengestellt im Prinzip genau wie die Strohhalmpanflöte funktioniert. Beim Blasen auf die Flaschenöffnungen entsteht ein immer recht gleich bleibender Ton. Der Flaschenhals dient uns als Schwingkante, auch Lippe genannt. Mit der strömenden Luft wird die Kante hin und her bewegt, manchmal auch der Druck der Luft verändert, was letztlich auch die Kante in Bewegung bringt, die dann ihrerseits mit ihrer Bewegung Luft in Bewegung setzt und dieses Mal sehr gleichmäßig schwingend. Der Flaschenbauch dient als Resonator, kurzum, er schwingt mit. Wie hoch der Ton nun ist, hängt davon ab, wie viel Luft in der Flasche ist. Nimmt die Luftsäule zu oder ab, verändert sich auch die Schwingung. Je weniger Resonanzraum beziehungsweise Luft, desto schneller die Schwingung. Der Physiker würde jetzt von Wellenlänge und Frequenz sprechen, die sich verändern. Wenn sich etwas schneller hin und her bewegt, wird der Ton höher. Das können wir auch mit der Pappkarte schnell ausprobieren. Stimmt's? Ja, stimmt!

Mit der Flöte ist das nun ganz ähnlich. Hier können wir steuern, wie hoch die Luftsäule in der Flöte stehen soll. Wer mag, kann dafür auch eine alte Blockflöte ins Wasser stellen, das macht es vielleicht noch deutlicher als unsere Karottenflöte, die eher den Schönheitspreis gewinnen würde. Wenn wir alle (zusätzlichen) Löcher einer Flöte zuhalten, hören wir einen tiefen Ton. Tauchen wir die Flöte dazu noch ins Wasser, verändert sich der Ton der Flöte, je nachdem, wie tief wir sie eintauchen lassen. Der Wasserstand in der Flöte verändert die Höhe der Luftsäule in der Flöte von unten und damit die mitschwingenden Luftteilchen.

Früher gab es eine Spielzeugflöte, die älteren Leser erinnern sich vielleicht noch, bei der mithilfe eines Stabes unterschiedlich hohe Töne gespielt werden konnten. Nach diesem Prinzip funktioniert zum Beispiel eine Posaune, bei der die Größe des Luftraums auch übergangslos verschoben wird. Kurioser ist aber sicherlich das Spielen auf einer Bierflasche oder einer Karotte. Wer mag, kann auch zu Kartoffeln oder anderen Gemüsesorten greifen, um die unterschiedlichsten musikalisch und ökologisch einwandfreien »Veggie-Vibes« zu produzieren. Oder wie wäre es mit einer Makkaroni-Panflöte? Mama hat nämlich nicht immer recht: Manchmal darf man mit Essen spielen – alles im Dienste der Wissenschaft!

Jetzt wissen wir, wie Luft in Schwingung gerät und unterschiedliche Töne entstehen. Wie diese Töne an unser Ohr gelangen, machen wir uns zum Abschluss mit einem besonders eindrucksvollen Versuch deutlich. Wir bauen eine Luftdruckkanone in zwei Versionen. Fangen wir klein an.

DIE LUFTKANONE

WIR BENÖTIGEN DAZU:

einen Luftballon,
ein Plastikrohrstück oder
eine Chipsdose,
einen Trichter,
Klebeband,
vier Teelichte,
eine schwer brennbare Unterlage
(z. B. ein Holzbrett).

DURCHFÜHRUNG:

1. Wir schneiden das lange, untere Ende vom Luftballon ab.
2. Wir ziehen die übrig gebliebene runde Luftballonhaut gespannt über die eine Rohröffnung eines Plastikrohrstücks oder einer Chipsdose, deren Unterboden wir entfernt haben. Sollte die gespannte Luftballonhaut abrutschen, hilft ein wenig Klebeband, sie festzuhalten.
3. Wir stecken die Trichteröffnung auf die andere Rohröffnung und befestigen den Trichter mit Klebeband am Rohr.

4. Wir entzünden vier Teelichte in einer Reihe auf einer schwer brennbaren Unterlage.
5. Wir stellen die Luftkanone in etwa 30 Zentimeter Abstand vor der Kerzenreihe auf und zupfen an der Ballonhaut.
6. Wir versuchen, möglichst viele Teelichte hintereinander mit der Luft aus der Kanone auszupusten.

BEOBACHTUNGSAUFTRÄGE:

a) Wie viele Kerzen kannst du in einer Reihe mit der Luftkanone ausschießen?

b) Was passiert, wenn du die Luftkanone an einen laut eingestellten Basslautsprecher hältst. Kannst du mit dessen Hilfe auch Kerzen löschen?

Eine musikalische Kerze? Gibt es tatsächlich! Mit einem Radio oder anderen Musiklautsprechern und unserem Aufbau bringen wir eine Kerzenflamme im Takt der Musik zum Tanzen. Mit ein bisschen mehr Bewegung der Luft geht die Kerzenflamme dann aber aus, manchmal auch mehrere Flammen in Reihe. Bevor wir das Phänomen genauer klären, wollen wir unserer Luftkanone noch ein bisschen mehr »Wumms« verpassen und bauen sie in XXL.

DIE LUFTKANONE XXL

WIR BENÖTIGEN DAZU:

einen Plastikeimer (z. B. Mülleimer aus Weichplastik),
ein Stück Teichfolie oder Duschvorhang,
einen Cutter oder ein scharfes Messer,
eine CD,
eine Rolle Panzertape,
eine Nebelmaschine,
Papierbecher.

DURCHFÜHRUNG:

1. Wir schneiden mit dem Cutter eine etwa tellergroße Öffnung in den Boden des Plastikeimers. Die CD kann als Vorlage für einen Kreis dienen.
2. Die Oberseite des Eimers bekleben wir mit einem zugeschnittenen Stück Teichfolie. Das zugeschnittene Stück sollte einen etwas größeren Radius haben als die Oberseite des Plastikeimers. Die Folie wird nun gespannt über die Öffnung des Eimers gelegt und ringsherum mit Panzertape befestigt.

(Optional kann mit einem Gurt oder zwei L-förmig verbundenen Holzstücken eine Halterung an die XXL Luftkanone gebaut werden.)

3. Wir stellen einen Stapel Papierbecher in etwa zwei bis drei Metern Entfernung zur Luftkanone auf.
4. Wir richten die Luftkanone aus und schlagen mit der flachen Hand auf die Teichfolie.
5. Wir befüllen die Luftkanone mit Nebel aus einer Nebelmaschine und wiederholen der Versuch. Statt einer Nebelmaschine können wir auch Rauchbomben, Zigarren oder Räucherstäbchen verwenden, die mit ihrem Rauch allerdings weniger eindrucksvoll und schwerer dosierbar sind.

BEOBACHTUNGSAUFTRÄGE:

a) Wie viele Kerzen kannst du mit der XXL-Luftkanone in einer Reihe auspusten?

b) Wie vielen Personen kannst du hintereinander mit der XXL-Luftkanone einen Pappbecher vom Kopf pusten?

c) Was wird sichtbar, wenn die Kanone mit Nebel gefüllt wurde?

Es sieht aus wie Zauberei, ist aber reine Physik: Allein durch die Bewegung der Luft können wir Pappbecher in weiter Entfernung in Bewegung setzen oder eine ganze Reihe Kerzen ausblasen. Das kann ganz schön praktisch sein, wenn man gerade mal wieder nur schwer vom Sofa hochkommt, aber eine Kerze löschen möchte.

Wie bei einer Trommel haben wir auf die Teichfolie gehauen und dadurch Luftwellen durch den Raum geschickt. Ton und Luftbewegung zeigen hier deutlich ihren Zusammenhang. Töne beziehungsweise Schall ist nichts anderes als bewegte Luft. Mit dem Nebel können wir der Luft sogar ein wenig bei ihrem Weg durch den Raum zuschauen, und das ist so spektakulär wie aufschlussreich: Ein geübter Kanoneneinsatz lässt einen Nebelring entstehen, der langsam im Raum vergeht. Das deutet auf einen wichtigen Punkt hin. Bewegt sich da eine Menge an Luftteilchen von der Kanone bis zur Kerze? Nein! Das Spannen und Loslassen der Folie stößt Luftteilchen neben ihr an, die dann diesen Stoß immer weiter an weitere Luftteilchen geben. Im Wirbel (der Physiker sagt auch Vortex) sehen wir Nebel, der von Luftteilchen getragen wird, dabei aber in einer kreisförmigen Bewegung an den Oberseiten eines Donuts immer wieder entgegen der Reiserichtung gedreht wird und dabei immer weiter in der umgebenden Luft verteilt wird – bis sich der Ring schließlich auflöst. Ein bisschen ist das wie auf diesen Rollen auf dem Spielplatz, die sich entgegen der Laufrichtung drehen, wenn wir auf sie steigen und vorangehen, nur dass hier der Ring selbst immer kleiner wird.

Auf Rockkonzerten kann man Ähnliches beobachten, und damit sind nicht die großen Nebelmaschinen gemeint, sondern eine sehr schöne Analogie zur Ausbreitung von Schall in der Luft, die die Besucher im Konzertraum aufführen. Ein paar Verrückte springen sich an, und soweit die Konzertbesuchermasse sie von sich fernhält, passiert nicht viel. Eine Bewegung einer einzelnen Person in der Besuchermasse trägt sich aber immer weiter, verdichtet und entspannt die Personen, sodass die Zuschauermenge in einem vollen Saal immer ein wenig hin und her wogt. Ist der Impuls durch tanzende Zuschauer zu groß, wird er Reihen später an unbeteiligte Personen weitergeleitet, die dann vielleicht sogar umfallen. Macht aber nichts, weil eigentlich immer jemand auf solchen Konzerten den Personen aufhilft, und vielleicht hilft es in dem Moment ja auch, wenn man schreiend darauf hinweist, dass es der Luft vor den Lautsprechern gerade nicht anders geht und sie sich als Longitudinalwelle in Ausbreitungsrichtung schwingend ihren Impuls von Luftteilchen zu Luftteilchen weitergibt, bis Reibungsverluste sie aufgebraucht haben. Könnte aber auch zu laut sein für solche Hinweise.

Je nach Medium ist die Geschwindigkeit der Ausbreitung übrigens unterschiedlich. Die Ausbreitungsgeschwindigkeit einer Welle im Publikum ist weitaus geringer als die von Schall in Luft. Bei 20 Grad Celsius beträgt die Schallgeschwindigkeit in Luft 343 Meter in jeder Sekunde. Ob Avogadro musikalisch war und auf Rockkonzerte ging? Jedenfalls macht die Anwesenheit seiner $N = 6 \cdot 10^{23}$ Teilchen in der Luft einen großen Teil ihrer Eigenschaften aus.

Alles oder nichts, Pümpel, Lerchen und Einhörner

Nach dem musikalischen Experiment aus dem letzten Abschnitt werden wir nun etwas philosophisch. Man könnte auch sagen, wir gehen jetzt aufs Ganze, denn es geht nun um nicht weniger als um alles oder nichts. Alles, das haben wir gelernt, also vieles jedenfalls, ist in diesem Kapitel die Luft, und nichts, das ist das Vakuum. Bewegen wir uns nun also zwischen den Extremen.

Dass Luft ein Gas ist, haben wir in den bisherigen Versuchen bereits einwandfrei sehen beziehungsweise nicht sehen können. Sie ist ja transparent, für unsere Augen unsichtbar und farblos. Doch wie ist seine Zusammensetzung genau? Schon im ersten Kapitel zum Thema Feuer ist uns diese Frage begegnet, wer erinnert sich noch? Für das Feuer war der wichtigste Baustein der Luft ein Gas, dem wir auch beim Thema Wasser immer wieder begegnet sind – er scheint einer unserer ständigen Begleiter in diesem Buch zu sein: der Sauerstoff. Unsere normale Atemluft besteht aber nicht zu 100 Prozent aus Sauerstoff, was sich im Labor gut nachvollziehen lässt, wenn man zum Beispiel eine Zigarre in 100-prozentiger Sauerstoffatmosphäre zündet und sie rasch und umfassend mit gleißendem Licht verbrennt.

In einem unserer Versuche im ersten Kapitel haben wir stattdessen gewartet, bis Kerzen unter verschieden großen Gläsern verlöschen. Je nach Größe des Glases gingen sie nach einiger Zeit aus. Das reaktionsfreudige

Gas Sauerstoff schien nun verbraucht beziehungsweise in neue Verbindungen umgesetzt, sodass es für die Flamme nicht mehr zur Verfügung stand. Ein weiterer Aufbau dieses Versuchs weist sogar den Anteil an Sauerstoff wie folgt nach: Dazu stellen wir eine Kerze auf einen Teller und geben etwas Wasser auf den Teller. Die entzündete Kerze decken wir anschließend mit einem Glas ab. Die Kerze verlöscht nach einiger Zeit, doch damit nicht genug. Das Wasser im Glas steigt nun auf. Ist es wie in unseren bisherigen Versuchen, dass der am Ende der Reaktion (von Sauerstoff) frei gewordene Raum im Glas nun durch das Wasser eingenommen wird? In meiner Kindheit wurde genau diese Begründung im Kinderfernsehen von einem meiner Idole erzählt. Der frei gewordene Raum würde etwa 20 Prozent des Volumens betragen, was auch in etwa dem Anteil an Sauerstoff entspricht, den unsere Atmosphäre am Boden enthält. Lieber Leser, bitte skeptisch bleiben! Wir werden diesen Versuch erst einmal zur Seite legen. Keine Bange, schon im kommenden Abschnitt kommen wir darauf zurück. Nehmen wir jetzt aber erst einmal die wissenschaftlichen Daten zur Hand:

Luft besteht hauptsächlich aus den Gasen Sauerstoff und Stickstoff, wobei der Stickstoff den Löwenanteil von 78,084 Volumenprozent ausmacht. Auf den Sauerstoff entfallen dann noch 20,942 Prozent, die weiteren Bestandteile sind Argon (0,934 Prozent), Kohlenstoffdioxid (0,038 Prozent) und andere Gase in Spuren. Zu der nunmehr 100 % trockenen Luft kommt ein Anteil von etwa 0,4 Prozent an festen und flüssigen Wassermolekülen, was die Luft zu 100,4 %iger feuchter Luft werden lässt und je nach Ort und Situation auch noch zahlreiche Staubteilchen, Blütenpollen, Sporen oder die ein oder andere Ausdünstung von Mensch und Tier. Wenn sich die Zusammensetzung der Luft in der Entwicklung der Erde auch schon oft veränderte, so ist sie die letzten 350 Milliarden Jahre relativ stabil.

Der Hauptbestandteil der Luft, der Stickstoff, wurde vom findigen Apotheker Carl Wilhelm Scheele nachgewiesen, der auch dem Sauerstoff auf die Spur kam. Die Experimente zur »Feuerluft«, wie er den Sauerstoff nannte, liefen bei Scheele und Rutherford, einem schottischen Chemikerkollegen, unter heutiger Sicht nicht gerade tierfreundlich ab. Beide Forscher hielten Mäuse unter einer Glasglocke, um die Bestandteile der Luft zu entlarven. Mit Pfefferminzpflanzen unter der Glocke überlebten die Mäuse zehn Tage, da die Pflanze Sauerstoff lieferte. Je höher allerdings der Anteil an »verdorbener«, einer »die Atmung nicht unterstützende Luft« war, desto schneller starben die Tiere. In Anlehnung an die gemeinhin gebräuchlichen Tierversuche und ihre morbiden Ergebnisse verlieh der Chemiker Lavoisier 1776 der »verdorbenen Luft« den Namen Azote, aus dem Griechischen für »das Leben nicht unterhaltend« und bis heute das französische Wort für Stickstoff. Unser heutiger Name für das Gas bezieht sich immer noch auf diese unschöne Eigenschaft. Stickstoff kommt in der Natur wie sein Nachbar Sauerstoff auch meist im Doppelpack, also als N_2-Molekül vor. Er ist äußerlich ebenso ein farbloses, geruchsloses und erst einmal ungiftiges und träges Gas. Überhaupt reagiert Stickstoff erst bei sehr hohen Temperaturen oder Drücken mit anderen Stoffen, bei Gewitter zum Beispiel. Doch es wäre falsch, seine Bedeutung und Fähigkeiten deshalb zu unterschätzen. Für die Pflanzen- und Tierwelt spielen seine Verbindungen eine große Rolle, Düngemittel enthalten oft Ammoniumverbindungen oder Nitrate, das sind Verbindungen des Stickstoffs mit Sauerstoff oder Wasserstoff. Am bekanntesten unter den Verbindungen des Stickstoffs ist wahrscheinlich der Salpeter, eine Bezeichnung für häufig vorkommende Nitratsalze, die auf den lateinischen Namen des Stickstoffs zurückzuführen sind: Nitrogenium (daher auch die Abkürzung N – nicht zu verwechseln mit der Avogadrokonstante N).

Sprechen wir jetzt noch ein wenig mehr über das Nichts. Als wir mit unserer selbst gebauten Vakuumpumpe Luft entfernten, blieb das Nichts zurück. Gut, wir haben wahrscheinlich nur ein wenig Luft entfernt, und es blieb sicher noch ziemlich viel Luft zurück. Doch was wäre wenn? Wenn wir mit einer besonders starken Pumpe, wie sie Physiker in Laboren verwenden, tatsächlich die gesamte Luft aus dem Glas entfernt hätten, was bliebe? Wirklich nichts? Was ist das Nichts? Und welche Eigenschaften kann Nichts haben? Jemand, der sich darüber erfolgreich Gedanken machte, war Otto von Guericke der sich im 17. Jahrhundert vor allem für das p in unserer pVNRT-Buchstabensammlung berufen fühlte. Bevor auch wir noch mehr über den Druck p erfahren, machen wir dazu erst einmal zwei kleine Versuche. Bereit? An die Pümpel, fertig, los!

LUFTDRUCKHUND UND PÜMPELKRAFT

WIR BENÖTIGEN DAZU:

ein DIN-A4-Papier,
einen Bierdeckel,
eine Schere,
ein langes Paketband,
zwei Pümpel.

DURCHFÜHRUNG:

1. Wir bohren mit der Schere ein kleines Loch in die Mitte des Bierdeckels.
2. Wir ziehen ein etwa 40 Zentimeter langes Paketband durch das Loch und verknoten es am Ende.
3. Wir bohren oder schneiden mit der Schere ein kleines Loch in die Mitte des DIN-A4-Papiers und ziehen das Band bis zum Bierdeckel durch.
4. Wir legen den vom Papier bedeckten Bierdeckel auf den Tisch und pressen und glätten das Papier auf der Tischplatte.
5. Wir versuchen das Papier durch ruckartiges Ziehen am Band vom Tisch anzuheben.

1. Mit einer zweiten Person drücken wir zwei Pümpel aneinander.
2. Anschließend versuchen wir, an den Pümpelgriffen zu ziehen, um sie wieder auseinanderzubringen.

BEOBACHTUNGSAUFTRÄGE:

a) Warum kannst du den Bierdeckel nicht so einfach hochziehen?
b) Was passiert, wenn du langsam am Band ziehst? Lässt sich dann der Bierdeckel anheben?
c) Drücke zwei Saugnäpfe aus dem Haushalt zusammen. Was beobachtest du?

Der Pümpel, auch Saugglocke, Abflussstampfer, Gummisauger oder Ausgussreiniger genannt, hat hoffentlich niemanden verletzt? Zwei miteinander verbundene Sauger können nämlich ganz schön schwer wieder auseinanderzubringen sein. Stürze und Verletzungen sind nicht unüblich dabei. In unserem Versuchsaufbau wurden sie zu einer Kugel verbunden, zusammengepresst und waren danach nur mit hohem Kraftaufwand wieder voneinander zu trennen. Schon ein einzelner Pümpel auf einer glatten Oberfläche kann sich als überaus »haltbar« erweisen.

Auch im ersten Teil des Versuchs mit dem Papier und dem Bierdeckel konnten wir feststellen, dass mehr Kraft als erwartet nötig ist, um das Papier anzuheben. Vielleicht ist das Band beim raschen Hochziehen sogar gerissen. Noch deutlicher wird der Effekt übrigens mit einer Zeitungsseite. Ein Teil des Papiers um den Bierdeckel herum lässt sich anheben, doch der Rest der Zeitung bleibt ausgebreitet auf dem Boden. Mit einer Zeitungsseite und einem entsprechend langen Band kann man den Aufbau auf einem glatten Boden wie einen kleinen Hund hinter sich her ziehen. Drachen steigen zu lassen geht jedenfalls anders.

Was uns der Papierversuch zeigt: In der Ruhe liegt hier Kraft. Erst wenn wir den »Zeitungswaldi« ganz langsam anheben, lässt er sich problemlos vom Boden entfernen. Ein wenig ist das wie beim Pümpel oder bei diesen Saugnäpfen im Bad, die nach dem Andrücken sogar Handtücher halten können. Ein Mann, von dem wir historisch nicht wissen, ob er einen Waldi hatte, geschweige denn Saugnäpfe oder einen Pümpel im Bad, war besagter Otto von Guericke. Er hat aber mit ähnlichen Halbkugeln gearbeitet wie wir im Versuch und sich viele Gedanken um das gemacht, was für uns in diesem Kapitel hinter dem p steht: den Luftdruck. Aber fangen wir ganz von vorne an.

Otto Guericke, zunächst noch ohne Adelstitel, wurde 1602 in Magdeburg geboren. Nach Studium, Reisen und Hochzeit arbeitete er überwiegend als Ingenieur, vor allem beim Bau von Festungen und Verteidigungsanlagen. Es war damals eben eine wilde Zeit mit vielen Konflikten. 1646 wurde er Bürgermeister seiner Heimatstadt und war an einigen bedeutenden Verhandlungen beteiligt, unter anderem zum Westfälischen Frieden. Nicht genug damit, denn nebenbei interessierte sich der Herr Bürgermeister auch für Physik und Astronomie. Aus Briefwechseln mit dem Philosophieprofessor Caspar Schott entstehen erste wissenschaftliche Veröffentlichungen. Guericke beschäftigte sich dabei vor allem mit leeren Dingen. Mithilfe einer Hubkolbenpumpe saugte er Fässer leer, die er vorher sicher mit Teer abgedichtet hatte. Ihn trieb die Frage um, was in solch einem Fass verbliebe, wenn man es mit Wasser füllte und dann komplett leer pumpte. Bei seinen Versuchen hörte er seltsame Geräusche aus den Fässern. Zischen und Blubbern ließen ihn vermuten, dass die Fässer nicht vollkommen abgedichtet werden konnten. Er ließ sich daher massive Kupferhalbkugeln anfertigen, die er mit seiner Vakuumpumpe luftleer pumpte. Dass er dabei ein Vakuum erzeugte, war ihm zu dieser Zeit natürlich noch nicht klar, doch das Phänomen erstaunte nicht nur ihn, sondern auch Kurfürsten und das interessierte Volk auf dem Reichstag in Regensburg, wo er damit womöglich die erste größere Wissenschaftsshow der Neuzeit vorführte. Er legte seine beiden Halbkugeln aus Kupfer mit ihren etwa 42 Zentimetern Durchmesser exakt abschließend aneinander und dichtete sie zusätzlich mit einem in Wachs und Terpentin getränkten Lederstreifen ab. Selbst mehrere starke Männer waren nicht in der Lage, diese Kugelhälften wieder auseinanderzuziehen. Zwei Pferdegespanne mit je 15 Pferden auf jeder Seite waren ebenso wenig dazu in der Lage. Erst durch das Einlassen von Luft durch ein Ventil ließen sich die Kugelhälften wieder trennen. Was für eine Show!

Man vermutet heute, dass Guericke bewusst auf zwei Pferdegespanne setzte, um den Showeffekt noch zu vergrößern. Aus mechanischer Sicht wird die Zugkraft nämlich nur von einem Gespann aufgebracht, also »nur« von 15 Pferden. Das andere Gespann hätte auch durch eine Mauer ersetzt werden können. Nach dem Apotheker Carl Wilhelm Scheele und seinen toten Mäusen haben wir mit dem Bürgermeister und seiner Pferdeshow nun also schon den nächsten Alltagswissenschaftler, der mit seinen Experimenten nicht nur Erkenntnisse, sondern Aufmerksamkeit und sogar Begeisterung für die Wissenschaft entwickelte, und das in Zeiten, in denen es noch keine Videoplattformen, Selfies und Social Media gab.

Mit solchen und ähnlichen Inszenierungen, bei denen zum Beispiel fünfzig Männer gegen seine Vakuumpumpe antraten, machte Guericke ziemlich viel Eindruck, vor allem weil seine Versuche ein sehr sensibles Thema berührten, den »horror vacui«. Was sollte in den Halbkugeln zurückbleiben, wenn sie leergepumpt waren, und wie konnte dieses Nichts in den Kugeln eine solche Kraft haben, um beide Kugelhälften zusammenzuhalten? An so ein Nichts zu glauben war damals quasi unvorstellbar.

Das lateinische Wort vacuus steht für »leer, frei oder unbesetzt sein«. Als ideales Vakuum wird in der Physik ein Raum bezeichnet, der sich durch eben diese Begriffe auszeichnet. Ein leerer Raum, nicht nur leer wie die Straßen beim WM-Finale, wenn die Nationalmannschaft teilnimmt, sondern vollkommene Abwesenheit von Materie. Auf dem Weg dahin spricht man zunächst von einem Unterdruck, dann von einem Grobvakuum, Feinvakuum, Hochvakuum, Ultrahochvakuum, extrem hohen Vakuum und schließlich dem idealen Vakuum, das aber eigentlich in der Praxis nicht herstellbar ist. Physikern geht es da wie uns beim Frühjahrsputz. Wirklich sauber und staubfrei bekommt man die Wohnung nie, oder?

Schon Leukipp und Demokrit im antiken Griechenland machten sich Gedanken über das Vakuum. Ihre Atomtheorie fußt darauf, dass sich die unteilbaren Teilchen, die »atomoi«, in einem Raum bewegen, der außer ihnen nichts enthält und ihnen damit die Möglichkeit zur Bewegung gibt. Aristoteles lehnte diese Vorstellung ab und schuf den erwähnten Begriff des horror vacui, die Angst vor dem Leeren. Seine Überzeugung: Die Natur kennt keine Leere – ein Satz, der jedenfalls für den morgendlichen Verkehr auf dem Weg zur Arbeit gilt! Sich über Staus zu beschweren ist also sehr im Sinne von Aristoteles, der wissenschaftlich dabei natürlich noch weiter geht.

Er hielt von dem Nichts nichts, sondern mehr von der Idee eines Äthers, einer Flüssigkeit, die alle Teilchen darin in Bewegung brachte. Bis zum Mittelalter hielt sich seine Vorstellung und wurde erst mit den ersten Vakuumversuchen von Torricelli, Pascal und vor allem Guericke in Zweifel gezogen. Doch was zeichnet das Nichts nun aus? Das Weltall, der große, luftleere Raum, liefert uns die beste Anschauung. Licht breitet sich in ihm aus, elektromagnetische Signale ebenso, auch Gravitation wirkt im All, Schallwellen dafür weniger. (Also aufgepasst, liebe Science-Fiction-Fans: Explosionen von Raumschiffen im All sind viel weniger aufregend, als Hollywood es uns glauben lassen möchte! Mehr dazu gleich, wenn wir über Schall sprechen.) Kalt ist es im Weltall, eine Wärmeübertragung wie hier auf der Erde findet im Vakuum also auch viel weniger statt. Überhaupt ist es für Lebewesen hier auf der Erde viel schöner als im Vakuum des Weltalls. Nicht nur die Abwesenheit von Sauerstoff macht es Lebewesen dort schwer. Nur einfachste Bakteriensporen und Pflanzensamen überleben eine gewisse Zeit im Vakuum. Das Experiment mit einem Vogel in einer Luftpumpe ist nicht nur ein berühmtes Gemälde von Joseph Wright of Derby aus dem Jahr 1767, sondern fand unter dem Wissenschaftler Robert Boyle 1659 wirklich statt. Die erste Idee für die passende Luftpumpe dazu lieferte, wer könnte es anders sein, Otto Guericke. In seinem »Experiment 41« erforschte Boyle die Notwendigkeit von Atmung und probierte an verschiedenen Tieren aus, wie sich das Abpumpen von Luft auf sie auswirkte. Für einen Versuch mit einer Lerche schrieb er 1660 in seinem Buch *New Experiments*:

> *»... für eine Weile erschien der Vogel durchaus lebhaft; aber mit der weiteren Abnahme der Luft begann er deutlich zu ermatten und krank zu erscheinen und bald darauf heftige und ungleiche Krämpfe zu zeigen, wie sie Geflügel zeigt, dem der Kopf abgedreht wird: Denn der Vogel warf sich zwei oder drei Mal herum und starb mit dem Bauch nach oben, dem Kopf nach unten und dem Nacken schief.«*

Ein wahrhaft makabrer Dienst für die Wissenschaft! Machen wir auf der Suche nach den Geheimnissen hinter dem Vakuum doch lieber noch selbst zwei kleine Versuche. Garantiert ohne Tierquälerei und mindestens genauso anschaulich.

BECHERTRICK UND SCHWEBENDER TISCHTENNISBALL

WIR BENÖTIGEN DAZU:

ein Olivenglas (engwandig, Öffnung kleiner als Tischtennisball),
einen Tischtennisball,
einen Plastikbecher,
einen Bierdeckel,
eine Schale,
Wasser.

DURCHFÜHRUNG:

1. Wir stellen die Schale auf.
2. Wir geben zwei Fingerbreit Wasser in den Becher und legen den Bierdeckel oben drauf.
3. Wir halten den Deckel fest und drehen den Becher rasch auf den Kopf.
4. Wir halten den Becher ruhig über die Schale und lassen den Deckel vorsichtig los.
5. Wir wiederholen den Versuchsablauf mit einem mit Wasser gefüllten Olivenglas und einem Tischtennisball. Wir legen dieses Mal statt eines Bierdeckels den Tischtennisball auf die Öffnung des Olivenglases, sodass sie damit verschlossen wird.

BEOBACHTUNGSAUFTRÄGE:

a) Warum bleibt der Bierdeckel oder Tischtennisball am Becher bzw. Glas kleben?

b) Was passiert, wenn du Spülmittel in das Wasser gibst oder Spiritus statt Wasser verwendest?

c) Funktioniert der Versuch auch mit mehr oder weniger Wasser, z. B. mit einem vollkommen gefüllten Olivenglas?

d) Funktioniert der Versuch auch mit einer Kunststoffflasche? Was ändert sich, wenn du ein kleines Loch in die Flasche machst?

Es geht sogar noch eine Spur größer: In einer japanischen Fernsehshow hing einmal ein Sumo-Ringer an einem mit Wasser gefüllten Cocktailglas, auf dessen Unterseite lediglich eine Plastikscheibe mit Haken den dicken Ringer trug. Klingt unglaubwürdig? Ist aber genauso geschehen und im Internet für jedermann zu finden. Der Versuchsaufbau erinnert sehr deutlich an unseren Versuch mit dem Bierdeckel oder dem Tischtennisball. In allen drei Fällen wird ein Gegenstand gegen unsere Vermutung über Kopf gehalten.

Bei dem Sumo-Ringer erscheint uns die Physik endgültig verrückt geworden. Allein schon das Wasser im Glas müsste doch kopfüber aus dem Versuchsaufbau laufen. Tut es aber nicht, oder? Ein paar Veränderungen am Versuch machen die Abläufe deutlicher. Verwenden wir sehr wenig Wasser, zum Beispiel wenn wir den Tischtennisball nur leicht anfeuchten, dann lässt sich der Versuchsaufbau umdrehen, und er steht Kopf.

Das Gleiche passiert, wenn wir wenig, viel oder ganz viel Wasser nehmen. Dabei zeigt sich aber ein Unterschied! Gesehen? Es läuft Wasser am Tischtennisball vorbei, ohne dass Luft nachströmt. Erst bei zu viel Gewackel am Aufbau passiert dies und sorgt dann sogleich für nasse Kleidung beim Experimentierenden, wenn keine ausreichend große Wanne unter dem Aufbau steht.

Gesetzt den Fall, dass Wasser aufgrund der Schwerkraft nach unten und keine Luft nach oben steigt, ist die Luft in dem Glas nun ein klein wenig »dünner« als außerhalb des Glases. Gase nehmen den ihnen zur Verfügung stehenden Raum ein, haben wir gelernt, und wenn ein wenig mehr Raum frei ist, wird der Raum eingenommen, was dem Gas eine geringere Dichte beschert und zugleich seinen Druck verringert. Wenn wir an unsere Analogie mit den Spielfreunden denken, bedeutet das für ein ideales Gas: Je mehr Teilchen sich in einem Raum aufhalten, desto mehr stoßen sie aneinander und an die Wände. Sie üben Kräfte aufeinander und die umgebenden Flächen aus. Und eine Kraft auf eine Fläche beschreibt der Physiker als Druck. Mehr Spielfreunde bedeuten mehr Kraftaufwand, und andersherum: Je weniger Luftteilchen im gleichen Raum, desto weniger Interaktion und somit auch weniger Druck.

Der Bierdeckel im ersten Teil des Versuches dient übrigens nur dazu, die Wasseroberfläche nicht zerreißen zu lassen. Ein feines Drahtnetz oder eine Mullbinde trägt die Wasserlast über sich ebenso und zeigt im Fall der Mullbinde sogar, wie sie dabei in die Glasöffnung gewölbt wird. Zwei Dinge werden hier sichtbar.

So zeigt sich, dass die Oberflächenspannung aus dem Wasserkapitel einen Beitrag zum Phänomen Druck liefert. Mit Spülmittel oder Alkohol klappt der Versuch nämlich nicht. Die Tragkraft des Wassers aufgrund seiner Adhäsions- und Kohäsionskräfte ist aber viel kleiner als die Kraft, über die wir gleich sprechen werden. (Wir erinnern uns an den Wasserstrahl, der durch einen elektrisch geladenen Ballon ablenkt wurde; mit Seifenblasen klappt das übrigens auch sehr eindrucksvoll, aber zurück zur Luft.) Ein Tischtennisball klebt noch am Glasboden, ein schwererer Squashball meistens schon nicht mehr. Ein Loch im Tischtennisball, im Bierdeckel oder im Becher beziehungsweise in der Flasche zeigen, warum die Versuche zum Thema Luft passen. Mit einem Loch, durch das Luft ins Glas strömt, funktioniert das Phänomen nicht mehr, weil wir dann keinen Unterdruck mehr herstellen können.

Wenn ein Cocktailglas sogar einen Sumo-Ringer tragen kann, ist dann auch ein leichtes Vakuum, wie wir es hier erzeugt haben, in der Lage, die Kraft für so einen Koloss aufzubringen? Leider nein. Es ist nicht der Unterdruck im Glas, sondern die Kraft beziehungsweise der Druck der Luft außerhalb des Glases, der Ball, Bierdeckel und Ringer trägt, der Luftdruck. Je größer der Durchmesser, desto mehr Gewicht lässt sich darunter halten und bei der entsprechenden Größe auch ein Sumo-Ringer. Eine ähnliche Erfahrung machte Otto von Guericke bei seinen Magdeburger Halbkugeln: Die Kraft, die die Halbkugeln zusammendrückt, ist abhängig von der Fläche, die vom Dichtungsring seiner Kugeln eingeschlossen wird, und von der Stärke des Vakuums, das sich in den Kugeln befindet. Klar, kein Druckunterschied bedeutet auch kein Kraftunterschied. Für die Kugeln, die Otto von Guericke verwendete, hätten 13.850 Newton an Kraft aufgebracht werden müssen (wenn er sie denn wirklich vollkommen leer bekommen hätte). Laut Fachliteratur entwickelt ein Pferd von 660 Kilogramm Eigengewicht eine Zugkraft von 80 Kilogramm beziehungsweise 784,8 Newton. Otto von Guericke hätte demnach rein rechnerisch 17,65, also in natura 18 Pferde benötigt, um seine Kugeln auseinanderzubekommen. Er war mit seiner Pumpe anscheinend schon sehr gründlich.

Es ist also als zweiter und wesentlicher Aspekt neben der Oberflächenspannung der Luftdruck außerhalb der Kugeln, der sie zusammenpresst, von daher sollte man eigentlich weniger von Saugglocken und Saugnäpfen sprechen, sondern vielmehr von Drückglocken und Drücknäpfen. Sie werden so lange zusammengedrückt, wie sich die Luft beziehungsweise der Luftdruck um sie herum nicht verändert. In einer Vakuumkammer fällt der Tischtennisball, wenn die Luft außerhalb keinen Druck mehr aufbringen kann, der dem Gewicht von Ball und Wasser entgegenwirkt.

Guerickes Schaffen war mit den Magdeburger Halbkugeln aber noch lange nicht beendet. Anhand seiner Erkenntnisse leerte er noch verschiedene andere Gefäße und stellte fest, dass Wasser in einen Schlauch oder ein Rohr gedrückt oder gezogen wird, wenn diese evakuiert waren. Dies setzte er so lange fort, bis schließlich eine Wassersäule von zehn Metern Höhe erreicht war, die er am Magdeburger Rathaus aufbaute. Über Tage hinweg stellte er fest, dass die Säule keineswegs immer bei zehn Metern stehen blieb. An manchen Tagen stieg das Wasser nicht so hoch. Guericke hatte damit das Barometer erfunden, denn an Tagen, an denen der Luftdruck ein wenig geringer war, drückte die Luft das Wasser nicht so weit nach oben wie an Tagen mit hohem Luftdruck. 1660 konnte von Guericke damit sogar ein Unwetter vorhersagen.

Gegen Ende seines Lebens brach die Pest in Magdeburg aus. Der inzwischen von Kaiser Leopold I. geadelte Bürgermeister lehnte weitere Ämter ab und zog zu seinem Sohn nach Hamburg, wo er 1686 starb. Er steht besonders für den Forschergeist der damaligen Zeit und lag mit seinen Ideen auch immer ganz weit vorne. Zumindest fast immer. In Quedlinburg soll er sich 1663 bei einem Aufenthalt als Paläontologe betätigt haben. Man bat ihn um Bestimmung eines mysteriösen Fundes, und bei der Tragweite der Entdeckung verfasste er umgehend einen Bericht, dem sich auch noch Jahrzehnte später Kollegen wie der Naturwissenschaftler Gottfried Wilhelm Leibniz anschlossen. Aus den Kalk- und Gipswänden des Zeunickenberg war ein Skelett eines übergroßen Pferdes aufgetaucht, mit einem fünf Ellen langen Horn: ein Einhorn.

Heute weiß man, dass es sich bei dem Quedlinburger Einhorn zu Teilen um ein Mammutskelett und den Kopf eines Wollnashorns handelte. Die Geschichte des Magdeburger Bürgermeister lehrt somit aber auch nur einmal mehr: Wenn man begeistert in die Welt schaut, kann man Dinge entdecken, die die meisten anderen Menschen für unmöglich halten, es müssen ja nicht unbedingt Einhörner sein.

Massig Luft, die Zombie-apokalypse und Elefanten auf unserem Kopf

Wir haben im letzten Abschnitt mehr über den Druck der Luft erfahren, der augenscheinlich zu großen Leistungen imstande ist. Um diese Kraft der Luft noch etwas genauer verstehen zu können, richten wir unsere Aufmerksamkeit in diesem Abschnitt nun auf den Raum, den die Luft dabei einnimmt. Das führt uns von p zu V.

Zunächst einmal beginnen wir mit einer kleinen Frage zum bisher Gelernten. Wiegt ein Fußball eigentlich weniger, wenn er nicht aufgepumpt ist? Und wie ist es mit einem Fahrradreifen, wenn er leer oder prall gefüllt ist? In der hohlen Hand fällt uns das Gewicht der Luft ja zunächst nicht so auf wie zum Beispiel das eines Steins. Aber Luft ist ja nicht nichts, und natürlich wiegt Luft auch etwas! Trotz ihres weiten Abstandes zueinander, ergibt sich für die $6 \cdot 10^{23}$ Teilchen in jedem Mol eine nicht unerhebliche Masse.

Die molare Masse, also die Masse, die ein Mol an Teilchen hat, ist einfach bestimmt. Stanislao Cannizzaro setzte 1858 als Erster das Atomgewicht von Wasserstoff auf 1 und das Gewicht der anderen Atome als ein Vielfaches dazu ins Verhältnis. Die Masse eines Mols an Wasserstoffatomen entspricht nun praktischerweise dem Wert der relativen Atommasse eines Wasserstoffatoms in Gramm. Genau genommen ist die molare Masse des Wasserstoffs 1,00794 Gramm pro Mol. Da Wasserstoff aber in der freien Natur unter Normalbedingungen stets im Doppelpack vorkommt, ist das Gewicht eines Mols

Wasserstoffmoleküle H_2 entsprechend doppelt so hoch. Interessant ist dabei übrigens auch, dass die Wasserstoffmoleküle als Gas dadurch nicht etwa doppelt so viel Raum einnehmen, sondern den gleichen Raum wie einzelne (ideale) gasförmige Atome. Sie nehmen bei gleichen Umgebungsbedingungen im Gas den gleichen Abstand zueinander ein wie einatomige Gase. Da wir ja bereits gelernt haben, dass dieser Abstand deutlich höher ist als der Atomradius, können wir getrost vernachlässigen, wie viele Atome ein Molekül im Gaszustand bilden. Zum Bestimmen der Masse ist aber sehr wohl festzustellen, wie viele Atome hier von welcher Art miteinander um die Wette tanzen.

Wenn wir also ein Mol Wasserstoffmoleküle und ein Mol Sauerstoffmoleküle, sagen wir, zwei große Ballons mit einem Volumen von je 24,465 Litern (das entspricht ja genau dem Volumen eines Mols bei Raumtemperatur) miteinander reagieren lassen, würde uns keine vollkommene Reaktion erwarten. Wir müssen für das Wassermolekül H_2O ja zwei Anteile Wasserstoffmoleküle mit einem Anteil Sauerstoffmolekülen reagieren lassen, also zwei Ballons Wasserstoff mit einem Ballon Sauerstoff. Die zwei Wasserstoffballons würden (ohne das Gewicht des Ballons gerechnet!) je 1,00794 Gramm wiegen, und der Sauerstoffballon würde, bei sonst komplett identischer Größe und Menge an Teilchen, 15,9994 Gramm wiegen. Wenn wir die drei Ballons unter einem riesigem Knall und idealen Bedingungen zur Reaktion bringen würden, hätten wir danach genau 1 Mol Wasser vor uns mit einem Gewicht von 18,01528 Gramm, der Summe der vorigen Gewichte der Moleküle, aus denen sich nun das Wassermolekül zusammensetzt.

Prinzip verstanden? Sehr gut. Welche Masse haben dann 24 Liter beziehungsweise ein Mol Luft? Wir könnten ganz einfach an die Sache herangehen und sagen, dass Luft ja zu fast 80 Prozent aus Stickstoff besteht. Die Atommasse von Stickstoff beträgt 14,0067 u (das u steht für unified atomic mass unit, zu Deutsch: Atommasseneinheit), also wären das 14,0067 Gramm für jedes Mol des Gases. Doch Stickstoff kommt auch als zweiatomiges Molekül vor, weshalb wir von rund 28 Gramm Gewicht für ein Mol Luft ausgehen könnten. Sauerstoff mit einem Anteil von etwa 20 Prozent würde mit einer Atommasse von 15,999 u nur bedingt Unterschiede für unsere Zahl bringen. Sauerstoff ist als Atom zwar schwerer als Stickstoff, aber nur ein wenig und dann auch weniger vorhanden als der Stickstoff. Rechnet man jedoch alle einzelnen Gase anhand ihrer Massen und Anteile in der Luft genau aus, erhält man eine mittlere Molmasse von 28,949 Gramm pro Mol Luft, was gar nicht so weit von unserer einfachen Näherung mittels Stickstoff entfernt ist.

Das Kapitel beginnt sehr mathematisch, ich weiß. Und so ganz fertig sind wir auch noch nicht mit unseren Rechnungen, die am Ende aber hoffentlich deutlich machen, was der Luft um uns herum zu ihrer Kraft verhilft. Ein Kubikmeter, den man sich als einen großen Würfel mit den Kantenlängen von einem Meter mal einem Meter mal einem Meter vorstellen kann, fasst 1000 Liter Luft. Ein Liter Luft wiederum nimmt einen Raum von einem Kubikdezimeter ein, also zehn mal zehn mal zehn Zentimeter. Stellen wir uns doch mal gedanklich in einen großen Würfel von einem Kubikmeter. Bei einer Körpergröße von fast zwei Metern stehen alleine wir schon in zwei solcher großen Würfel. Wenn nun in einem Bereich von 24 Litern Luft 28,949 Gramm, oder sagen wir mal gerundet 29 Gramm Gewicht zusammenkommen, sind es bei 1000 Litern Luft 1.208,3 Gramm oder 1,2 Kilogramm Luft in jedem Quadratmeter. Über uns liegen aber nun mehr als zwei Meter Luft, und zwar etwa 500 Kilometer. Doch Vorsicht, unsere Rechnung wird an dieser Stelle nämlich zunehmend naiv, weil sich auf dem Weg nach oben natürlich der Druck, die Zusammensetzung, die Temperatur und die Dichte der Luft deutlich verändern. Nehmen wir aber zum Spaß mal an, die Luft wäre in der untersten Schicht der Atmosphäre bis zur Höhe von 15 Kilometern identisch mit unserer Luft am Boden. Dann hätten wir alleine hier schon 15.000 große Würfel übereinandergestapelt und dabei ein Gewicht von 18.000 Kilogramm beziehungsweise 18 Tonnen. Das wären mindestens drei ausgewachsene Elefanten, die wir da auf unseren Köpfen zu balancieren hätten. Irgendwas kann da nicht stimmen, sonst würde uns permanent der Schädel brummen.

Wir verfolgen den Gedanken nach einem kleinen Experiment weiter. Nach all den Zahlenspielen ist es aber höchste Zeit für eine Cola, eine persönliche Anekdote vom Autor und ein wenig praktische Arbeit. Stellen wir uns folgende Situation vor: Herr Dr. Sommer hat einen freien Nachmittag und sitzt auf seinem Sofa. Mit dem Wunsch nach einer schönen großen Dose Cola begibt er sich nun in Küche, öffnet die Coladose und trinkt einen Schluck. Unbemerkt gerät er dabei an den Schalter für den Herd und stellt die Herdplatte an. Das Telefon klingelt, und Dr. Sommer stellt die Dose auf dem Herd ab. Unbemerkt beginnt diese nun auf der Herdplatte zu kochen. Im Wohnzimmer plaudert der Doktor inzwischen am Telefon über alte Zeiten, während die Dose in der Küche zunehmend heißer wird und zu brodeln, zu dampfen und zu kochen beginnt. Nach Minuten vor dem Fernseher wird Dr. Sommer bewusst, dass seine Cola ja noch in der Küche steht. Jetzt hat er ein Problem: Die Dose, inzwischen selbst recht heiß geworden, steht auf der Herdplatte und rattert und zappelt herum. Der rettende Gedanke? Mit einem Handtuch und ordentlichem Schwung transportiert Dr. Sommer die heiße Cola in das Spülbecken, das zufällig gerade mit Wasser gefüllt ist. Doch statt eines leichten Zischens und abgekühlter Stille kommt es zu einem unerwartet lauten Knall und spritzendem Wasser. Übrig bleibt ein nasser Dr. Sommer und eine deformierte Dose.

Zugegeben, diese Geschichte ist so niemals passiert, aber sie hätte passieren können. Um dies zu überprüfen, stellen wir die Vorgänge nun im Experiment nach. Um den Versuch in unserem Heimlabor durchzuführen, ließe sich wie in der Geschichte auch eine Herdplatte verwenden, was allerdings doch recht lange dauert, und von daher empfehle ich den Kauf eines Gaskartuschenbrenners. Vielleicht gehört so einer ja ohnehin schon zu Ihrer Camping-Ausrüstung. Deutlich günstiger und auch ein wenig ungefährlicher funktioniert das Erhitzen der Coladose aber auch über einem Brenner mit Brennpaste, der zum Warmhalten von Speisen verwendet wird und in jedem größeren Supermarkt oder Baumarkt zu finden ist. Dann kann es losgehen mit der Deformation einer Coladose.

DOSENDEFORMATION

WIR BENÖTIGEN DAZU:

eine leere Coladose,
eine Grillzange,
einen Gaskartuschen- oder Brennpastenbrenner,
eine schwer brennbare Unterlage (z. B. ein Küchenbrett),
eine große Schale,
heißes und kaltes Wasser,
Eiswürfel.

SICHERHEITSHINWEISE:

Nur geprüfte und zertifizierte Gaskartuschen- und Brennpastenbrenner verwenden. Brenner nur nach Durchsicht der den Produkten beiliegenden Sicherheitsdatenblätter verwenden. Auf Sicherheits- und Warnhinweise in der mitgelieferten Bedienungsanleitung achten! Brenner insbesondere nicht in die Hände von Kindern gelangen lassen, von Hitze, heißen Oberflächen, Funken, offenen Flammen sowie anderen Zündquellenarten fernhalten, nicht rauchen und nur an einem gut belüfteten Ort damit arbeiten oder aufbewahren.

DURCHFÜHRUNG:

1. Wir stellen eine große Schale mit kaltem Wasser bereit, in das wir mehrere Eiswürfel gegeben haben.
2. Wir füllen die leere Coladose etwa bis zur Hälfte mit warmem oder heißem Wasser.
3. Wir bauen den Brenner auf einer feuerfesten Unterlage auf und entzünden ihn.
4. Wir nehmen die Coladose fest mit einer Grillzange und halten sie über die Brennerflamme. Alternativ erhitzen wir die Dose auf der Herdplatte und warten, bis das Wasser in der Dose stark zu kochen beginnt.
5. Wir halten die Dose nun mit der Zange richtig fest, am besten mit der Handinnenseite nach oben zeigend, sodass wir sie rasch umdrehen können.
6. Wir ziehen die Dose rasch über die Schale mit dem Eiswasser und drehen sie dicht an der Wasseroberfläche schlagartig um, sodass wir ihre Öffnung ins Wasser halten.

BEOBACHTUNGSAUFTRÄGE:

a) Warum wird die Dose zerquetscht?
b) Wird die Dose zusammengedrückt oder zusammengezogen?
c) Kann das Gleiche auch mit größeren Dosen und Fässern passieren?
d) Passiert das Gleiche, wenn man kaltes Wasser in heißes Wasser gibt?

Peng! Nicht ganz einfach, das Umdrehen der Dose über dem Eiswasser. Wenn wir aber mit etwas Übung und ein paar weiteren Übungsdosen schaffen, dass die Öffnung der Dose vom Eiswasser nach der schnellen Umdrehung verschlossen ist, dann knallt es laut, wenn die Coladose im Wasserbecken dem Druck nicht mehr standhalten kann.

Was genau ist dabei passiert? Um dem Phänomen auf die Spur zu kommen, erörtern wir drei Aspekte genauer:

- Zuerst wenden wir uns dem Versuchsanfang zu, als die Coladose auf dem Herd erhitzt wird (I),
- dann betrachten wir den Moment, in dem die Dose kopfüber ins Wasser taucht (II),
- und schließlich den Moment des lauten Knalls (III).

Um den Verbrauch von Dosen nicht weiter unnötig zu erhöhen, führen wir einfach drei weitere Versuche durch, die die einzelnen Phänomene noch deutlicher darstellen.

VERSUCH I: AUSDEHNUNG VON LUFT

VERSUCH II: EIER TRENNEN

VERSUCH III: PET-FLASCHEN ZERDRÜCKEN

WIR BENÖTIGEN DAZU:

VERSUCH I:
einen Luftballon,
eine leere Glasflasche (1,0 l),
zwei große Plastikschüsseln,
5–10 Eiswürfel,
heißes Wasser.

VERSUCH II:
eine kleine PET-Flasche,
ein Ei,
zwei Untertassen,
ein Messer,
Zeitungspapier.

VERSUCH III:
eine große PET-Flasche (1,0 l),
eine große Plastikschüssel,
100 ml heißes Wasser,
5–10 Eiswürfel,
ein Glas,
ein Handtuch.

DURCHFÜHRUNG VON VERSUCH I:

1. Wir füllen eine große Plastikschüssel zu zwei Dritteln mit kaltem Wasser und geben 5–10 Eiswürfel hinzu.
2. Wir füllen die zweite große Plastikschüssel zu zwei Dritteln mit heißem Wasser.
3. Wir dehnen einen Ballon, indem wir an ihm ziehen, und stülpen ihn dann vorsichtig über die Flaschenöffnung.
4. Wir halten die Flasche zuerst zwei Minuten in das heiße Wasser und danach zwei Minuten in das kalte Wasser.

DURCHFÜHRUNG VON VERSUCH II:

1. Wir stellen zwei Untertassen nebeneinander auf eine ausgebreitete Zeitungsseite.
2. Wir nehmen ein Ei, öffnen das Ei mit dem Messer und geben seinen Inhalt vorsichtig auf eine der Untertassen. Dazu legen wir das Messer auf die Rückseite des Eies, schlagen dreimal leicht mit dem Messerrücken auf das Ei und brechen beide Eihälften vorsichtig auseinander.
3. Wir nehmen eine kleine, leere PET-Flasche, entfernen den Deckel und drücken sie kräftig in der Hand zusammen.
4. Wir berühren mit der Flaschenöffnung der zusammengedrückten Flasche vorsichtig das Eigelb.
5. Wir öffnen die Hand leicht, um damit das Eigelb in die Flasche gleiten zu lassen.
6. Wir wiederholen den Vorgang und heben das Eigelb vorsichtig von einer Untertasse zur anderen.

DURCHFÜHRUNG VON VERSUCH III:

1. Wir füllen die große Plastikschüssel zu zwei Dritteln mit kaltem Wasser und geben 5–10 Eiswürfel hinzu.
2. Wir gießen vorsichtig etwa 100 Milliliter heißes Wasser in ein Glas oder einen Messbecher.
3. Wir füllen die 100 Milliliter heißes Wasser nun in die PET-Flasche und schwenken diese ca. 20 Sekunden hin und her, ohne dass es spritzt. Zum Schutz unserer Hände vor dem heißen Wasser verwenden wir ein Handtuch, um die Flasche oder das Glas festzuhalten.
4. Wir gießen das Wasser aus der Flasche nun schnell zurück ins Glas und verschließen die Flasche sofort mit ihrem Deckel.
5. Wir tauchen die verschlossene PET-Flasche für ca. 30 Sekunden in das kalte Wasser der Plastikschüssel und drehen sie dabei.

BEOBACHTUNGSAUFTRÄGE ZU VERSUCH I:

1. In welcher Schüssel wird der Luftballon größer, in welcher wird er kleiner?
2. Wie verhält sich der Luftballon, wenn wir die Flasche für eine Stunde ins Eisfach legen?

BEOBACHTUNGSAUFTRAG ZU VERSUCH II:

a) Wie verhält sich das Eigelb im Flaschenhals, wenn wir leicht auf die Flasche drücken oder wenn wir den Druck leicht nachlassen?

BEOBACHTUNGSAUFTRÄGE ZU VERSUCH III:

a) Wird die Flasche auch zusammengedrückt, wenn wir sie nur mit eiskaltem Wasser spülen?

b) Wird die Flasche stärker zusammengedrückt, wenn wir sie vorher für eine Stunde ins Gefrierfach gelegt haben?

Vor der Erklärung der Phänomene machen wir zur Abwechslung mal ein kleines Quiz, als spielerische Lernzielkontrolle quasi. Welcher der folgenden Sätze ist richtig?

Versuch I:

- Warme Luft dehnt sich aus und nimmt mehr Raum ein.
- In warmer Luft ist mehr Abstand zwischen den Luftteilchen.
- Kalte Luft dehnt sich aus und nimmt mehr Raum ein.
- Kalte Luft zieht sich zusammen und nimmt weniger Raum ein.
- In kalter Luft ist weniger Abstand zwischen den Luftteilchen.

Versuch II:

- Beim Drücken auf die Flasche drücke ich die Luft raus.
- Beim Drücken auf die Flasche drücke ich die Luft hinein.

- Beim Loslassen der Flasche ist in der Flasche mehr Platz frei.
- Beim Loslassen der Flasche ist in der Flasche weniger Platz frei.
- Das Ei nimmt den freien Platz in der Flasche ein.

Versuch III:

- Die warme Luft in der Flasche zieht sich zusammen.
- Die warme Luft in der Flasche dehnt sich aus.
- Die Luft außen drückt die Flasche zusammen.
- Die Luft in der Flasche zieht die Flasche zusammen.

Stellen wir uns die drei Situationen aus dem Versuch im Teilchenmodell vor. Jedes Luftmolekül ist für uns ein sich frei bewegendes kleines Kügelchenpaar, das sich in weitem Abstand zueinander durch den Raum bewegt. Wenn bei Raumtemperatur ein Mol Teilchen etwa 24,5 Liter Volumen einnimmt, dann müssten mit einfachem Dreisatz gerechnet in einer Literflasche mit Luft bei Raumtemperatur

24489795918367346938775.5102040816326531

Teilchen in der Flasche vorhanden sein. Das macht noch einmal deutlich, wie ungeheuer klein sie sind!

Bei einer Flasche aus dem Kühlschrank sind weniger Luftteilchen in einem Liter enthalten. Ein Mol eines Gases nimmt bei 0 Grad Celsius nur ein Volumen von 22,413 Litern ein. Die Literflasche aus dem Kühlschrank enthält also »nur«

26770178021683844197563.913800026770178

Teilchen. Nun verschwinden Teilchen aber nicht, wenn wir eine Flasche ins Kühlfach legen oder draußen der Winter ins Land zieht. Ist die Flasche verschlossen wie in unserem ersten Versuch, bei dem wir einen Ballon über die Flaschenöffnung stülpten, bleibt die Menge an Luftteilchen in der Flasche dadurch auch im Eisfach gleich. Geringere Temperatur bedeutet nicht, dass die Anzahl der Teilchen abnimmt, sondern dass sich die Energie der Teilchen verringert. Sie wird an die Umgebung abgegeben. Die Zusammenstöße zwischen den Teilchen sind nun energieärmer, Physiker sagen auch, dass die innere Energie dieser Teilchen direkt proportional zur Temperatur ist.

Ein wenig ist das wie bei tanzenden Personen. Je mehr Energie sie haben, desto mehr Platz brauchen sie zum Tanzen. Bei Gasen ist das besonders schlimm. Ein Liter Luft (1000 cm^3) dehnt sich bei einer Erwärmung um 10 Grad Celsius um ca. 37 cm^3 aus, was einer Zunahme von immerhin 0,037 Litern entspricht. Bei einem Unterschied von 30 Grad Celsius ist das dann schon der dreifache Wert, also 0,111 Liter, den wir durch den eingefallenen, vielleicht sogar in die Flasche gedrückten Ballon bemerken. Ohne Kühlschrank, sondern lediglich mit unserem Aufbau mit Eiswasser ist das Ergebnis vielleicht weniger klar ersichtlich, dafür geht es aber schneller. Anders herum, in heißem Wasser, können wir eine Volumenzunahme im Ballon feststellen, er bläst sich gewissermaßen auf. Wenn wir kochendes Wasser von etwa 90 Grad Celsius verwenden und die Flasche vorher Raumtemperatur besaß, haben wir idealerweise eine Temperaturzunahme von etwa 65 Grad, und die bedeutet bis zu 2,405 Liter mehr Volumen im Ballon. Ganz erreicht er nie diese Größe, weil wir bedenken müssen, dass sein Gummi spannt und damit eine Kraft auf die Luft in der Flasche ausübt und diese komprimiert. Wenn sich das Gas nicht vollkommen frei ausdehnen kann, steigt stattdessen sein Druck in der Flasche. Außerdem kühlt die Flasche und die Umgebung die Temperatur auch ein Stück weit ab. Wer schafft es, den Ballon zum Platzen zu bringen? Ganz schön viel Physik für einen Ballon, der auf einer Flasche steckt, nicht wahr?

Springen wir zum dritten Versuch. Dieses Mal hat die Flasche beziehungsweise ihr Inhalt, die Luft, mit heißem Wasser erwärmt, das Wasser schnell ausgespült und die Flasche verschlossen. Je besser uns dies gelungen ist, desto höher ist am Ende der Temperaturunterschied in der Flasche und desto größer auch die Volumenzunahme der Luft. Vielleicht haben wir es geschafft, einen weiteren Liter Luftvolumen entstehen zu lassen, der natürlich nicht in der Flasche Platz findet, sondern in der Luft aufsteigt und sich aus der Flasche entfernt. Beim Verschließen der Flasche würde dies bedeuten, dass die Luft in der Flasche immer noch ein Volumen von einem Liter hat, aber viele der ursprünglichen Teilchen als warme Luft aus ihr entschwunden sind. Vielleicht ist die Teilchenzahl, und damit auch der Druck in der Flasche, nur noch halb so groß wie zuvor. Die Plastikflasche hält dieses neue, von uns erstellte Gleichgewicht aufrecht, sie ist aber nicht so stabil wie zum Beispiel eine Glasflasche. Wenn wir die thermodynamischen Vorgänge nun noch weiter verändern, indem wir die Plastikflasche im Eisbad abkühlen, reduziert sich mit der Temperatur auch die mittlere kinetische Energie der Luftteilchen in der Flasche. Sinkende Temperaturen bedeuten, wie wir gelernt haben, meist auch eine weitere Volumenabnahme, also sinkt das Volumen des Gases in der Flasche weiter.

Wir können uns also zweierlei vorstellen: Der mathematisch denkende Leser geht von einem weiter sinkenden Druck im Gas aus, der bildlich denkende Leser von einem verringerten Raum, den das Gas benötigt. Die Luftteilchen, die wir in der Flasche einzeichnen könnten, sind aber in unserem System nicht alleine. Außen, um die Flasche herum, haben wir keine besonderen Veränderungen. Teilchenzahl, Druck und Temperaturen sind alles in allem nicht anders geworden während unseres Experiments. Augenscheinlich machen sich die neuen Verhältnisse in einem Zusammenpressen der Flasche bemerkbar. Die Luft außerhalb der Flasche drückt auf sie, und dem hat die Luft in der Flasche wenig und zunehmend immer weniger entgegenzusetzen. Die Mehrheit gewinnt nicht nur in der Demokratie, sondern auch hier.

Mich erinnert das Zusammenspiel immer ein wenig an die Zombieapokalypse oder große Fantasyschlachten wie in »Der Herr der Ringe«. In all diesen Geschichten gibt es Momente, in denen die gute Seite von immer mehr bösen Orks, Uruk-hais oder Zombies »unter Druck« umzingelt wird. Man entscheidet sich dann immer dazu, der Übermacht zunächst komprimiert gegenüberzutreten, und verschanzt sich in einem Haus oder einer Burg, vielleicht letztlich sogar in einem einzigen Raum, bis der Magier auf dem weißen Pferd erscheint und sich die Bedingungen so verändern, dass ein Ausbruch möglich wird oder das Kräfteungleichgewicht sich durch neue Truppen oder neue Kraft wieder verschiebt.

Einfacher (wenn auch langweiliger) können wir aber auch sagen, dass der Luftdruck im Gegenspiel gegen den Unterdruck in der Flasche in einer Kraft resultiert, die sie zusammenpresst. Diese Kraft ist es auch, die unseren Eigelb-Lifehack ermöglicht. Ein Ei trennen ist ja nicht jedermanns Sache. Mit dem Luftdruck geht es ganz einfach. In Versuch II haben wir keinen Temperaturunterschied, aber einen Volumenunterschied durch die Kraft unserer Hand ausgelöst. Die zusammengedrückte Flasche presste etwas Luft aus ihrem Inneren heraus, sodass beim Zurückdehnen der Flasche bei aufgelegter Flaschenöffnung ein Unterdruck in der Flasche entstand. Das Volumen in der Flasche enthielt in diesem Moment weniger Teilchen und somit auch einen geringeren Druck. Einfacher als die Flasche gab unter diesen Vorzeichen das Eigelb an der Flaschenöffnung nach und wurde ein Stück in die Flasche gepresst. Nochmaliges Drücken der Flasche verringerte das Volumen und erhöht den Druck, bis das Eigelb nicht mehr vom Luftdruck gehalten werden konnte und auf der bereitstehenden Untertasse landete.

Bestenfalls zumindest. Übermütigen Geistern kann es passieren, dass das Eigelb zu stark in die Flasche gedrückt wird und dann die Öffnung der Flasche wieder frei gibt, was zum Druckausgleich in der Flasche führt. Wie bekommt man das Eigelb nun wieder raus? Mit Saugen an der Flasche? Nein, mit Pusten! Nur ein Überdruck in der Flasche sorgt dafür, dass das Eigelb aus der Flaschenöffnung wieder herauskommt. Die Flasche wird dazu hochkant an den Mund angelegt, und es wird darauf geachtet, dass das Eigelb in der Innenseite der Öffnung liegt. Dann kräftig pusten, und schon rinnt es aus der Flasche heraus. Auch ein bisschen tricky. Also entweder mit einem knickbaren Strohhalm nachhelfen – oder gaaanz lange warten, bis das Eigelb rausgelaufen ist.

Coladosen-Implosion, die Zweite

Da war doch was, oder? Genau, wir wollten noch das Rätsel der zerquetschten Coladose beantworten. Und? Hat sich das Phänomen nach unseren Zwischenversuchen selbst geklärt? Mal sehen.

Zunächst ist da also die Coladose auf der Herdplatte, die zu kochen beginnt und damit das Volumen der Luft durch Temperaturzunahmen erhöht. Dann drehen wir die Dose rasch um und geben sie in kaltes Wasser, wobei wir die Öffnung der Dose verschließen. Dabei kommt es zur Volumenverminderung aufgrund der plötzliche Temperaturabnahme. Manchmal kann es auch passieren, dass dann nicht der Luftdruck von außen zuerst auf den verringerten Druck in der Dose, sondern auf das Wasser drumherum wirkt und die Dose mit Wasser füllt. In den meisten Fällen sorgt die Volumenabnahme in der Dose aber für die Implosion der Dose, genau wie bei unserer PET-Flasche, nur mit einem lauten PENG!

Damit wäre dieses Phänomen geklärt. Geklärt sein soll zum Ende dieses Abschnitts auch, was bislang nur angedeutet wurde. Die Kraft, die von unserer Luft am Boden ausgeht, ist wirklich erstaunlich groß! Guerickes Halbkugeln wurden von ihr zusammengehalten ebenso wie der Sumo-Ringer im japanischen Fernsehen. Und auch die Coladosen-Implosion geht noch imposanter: Ein großes Ölfass lässt sich mit etwas Mühe und weiteren Kartuschenbrennern ebenso zur Implosion bringen wie ein ganzer Kesselwagen bei der Bahn. Ja, richtig gelesen. Im Internet ist ein Video zu finden, das zeigt, wie ein Kesselwagen mit einer besonders starken Vakuumpumpe komplett evakuiert wird. Der Luftdruck presst ihn wie eine Coladose zusammen. Was für eine gewaltige Kraft!

Unsere Mutmaßungen über das Gewicht der Luft waren nicht weit entfernt von der Realität. Letztlich sind wir kleine Fische am Boden eines riesigen Luftmeeres, das über uns liegt. Wenn die Dichte der Luft auch in den Kilometern der Atmosphäre nach oben hin immer weiter abnimmt, so sind es eben diese Kilometer von Luft, die auf die Luft am Boden drücken und sie damit verdichten. Im Prinzip wie eine Luftpumpe oder eine Spritze, mit der sich Luft komprimieren lässt, nur eben in einem gigantischen Maßstab. Halten wir bei der Luftpumpe das Loch zu, spüren wir übrigens einen weiteren Aspekt, nämlich die Tatsache, dass unter dem höheren Druck auch die Temperatur zunehmen kann. Es wird doch merklich warm am Finger.

Aber zurück zur Atmosphäre, deren Gewicht die Luft auf Meereshöhe auf einen Druck von einem Bar zusammendrückt. Dieses Bar wirkt nicht nur von oben, sondern drückt auf alle Seiten. Umgerechnet in die Einheit Pascal sind das 101.325 Pascal oder 1013,25 Hektopascal (hPa). Ungefähr alle acht Meter verringert sich der Luftdruck um ein Hektopascal, und auch bei bestimmten Wetterlagen kann der Luftdruck mal deutlich höher oder niedriger sein. Am 12. Oktober 1979 wurde in der Nähe von Guam im Nordwestpazifik mit 870 hPa der bislang niedrigste Luftdruck gemessen. Bei dem kurz darauf folgenden Taifun ist dann wahrscheinlich nicht nur der Luftdruck, sondern gleich das ganze Barometer heruntergefallen.

Druck wird definiert als Kraft pro Flächeneinheit. Auf einen Quadratmeter wirkt bei 101.325 Pascal eine Kraft von 101.325 Newton, was einem Gewicht von 10.328,7 Kilogramm, also etwas über 10 Tonnen entspricht. Kein Wunder, wenn man da morgens schwer aus dem Bett kommt! Unser Körper hat sich allerdings wie alle Lebewesen und Pflanzen auf der Erde auf diese Umstände eingestellt. Manch einer ist ein wenig wetterfühlig bei Luftdruckschwankungen, aber das war es dann auch schon. Ändern wir allerdings die Luftdruckverhältnisse deutlicher, wird es nicht nur unserem Körper schnell zu viel, im Hochgebirge genauso wie beim Tiefseetauchen.

Normalerweise wirken in unserer Coladose die gleichen Kräfte, die auch außerhalb wirken. Sie bleibt daher in Form. Ändern wir den Luftdruck und damit die Kräfteverhältnisse auf einer Seite, resultiert eine Kraft in Abhängigkeit vom entstehenden Druckunterschied. Und die macht weder vor kleinen Coladosen noch vor riesigen Kesselwagen halt.

Superlative, Eier in Milchflaschen und die Sichtbarkeit von Tiefkühlpizza

Suchmaschinen werden immer intelligenter. Gibt man in die Suchleiste eines großen Verkaufsportals »Föhn« (ohne h) ein, erhält man zahlreiche Ergebnisse der verschiedensten Firmen. Doch wenn wir genau hinsehen, erkennen wir, dass uns die Suchmaschine meist gar keinen Föhn vorschlägt, sondern Haartrockner. Den gemeinhin bekannten Begriff Föhn darf nämlich nur eine große Marke mit drei Buchstaben in Deutschland verwenden. Die Firma Sanitas brachte 1908 den ersten »Fohen« auf den Markt. Die Bezeichnungen Fohen und Föhn wurden 1957 von der »Deutschen Edison-Gesellschaft für angewandte Elektricität«, heute bekannt als »Allgemeine Elektricitäts-Gesellschaft« (AEG) übernommen. Alle anderen Lufterhitzer und Heißluftduschen dürfen seither nur die Bezeichnung »Haartrockner« oder nach neuer Rechtschreibung »Föhn« (mit h) verwenden. Ein Föhn wird die zentrale Rolle in einem weiteren Versuch der Superlative spielen, den wir uns jetzt im Hinblick auf den Buchstaben T für Temperatur anschauen wollen. Man könnte auch sagen: Es geht um heiße Luft!

So viele kuriose Versuche und Experimente haben wir nun schon gemeinsam durchforstet, von makaber über trivial bis brandheiß und komplex. Einige Experimente bleiben dabei eher in Erinnerung als andere. So ist es auch bei den Profis in der Wissenschaft. Ein besonderes Experiment, wahrscheinlich das längste Experiment der Welt, ist das sogenannte Pechtropfenexperiment. John Mainstone übernahm den 1927 von Thomas Parnell gestarteten Langzeitversuch, bei dem ein Tropfen zähes Pech, also eine schwere, bituminöse, teerartige organische Substanz in einem Trichter auf seine Fließeigenschaften hin untersucht werden sollte. 1930 begann das Pech zu laufen. In 73 Jahren tropfte es nur acht Mal, und das bedeutete wirklich Pech für Mainstone. Der erste Tropfen fiel im Jahr 1938, weitere folgten 1947, 1954, 1962, 1970, 1979, 1988, und 2000. John Mainstone von der Universität Queensland in Brisbane erlebte keinen einzigen der Tropfen live mit. Einen verpasste er nur knapp, weil er sich einen Kaffee holte. Eine Webcam ermöglicht ab 1990 die Aufnahme des Tropfens, wenn sie nicht wie im Jahr 2000 ausfiel, als es gerade so weit war. Die erste Aufnahme gelang deshalb erst 2014 beim neunten und bislang letzten Tropfen – doch da war Professor Mainstone bereits verstorben. So viel Pech (in jeder Hinsicht!) in einem einzigen Experiment ist zu Recht ein Weltrekord.

Das bislang größte Experiment der Welt findet am CERN in Genf statt. Ein riesiger Teilchenbeschleuniger, auch die Weltmaschine genannt, bei dem in einem Beschleunigerring im Umfang von 26.659 Metern Elementarteilchen beschleunigt und dann aufeinandergelenkt werden. Was dann passiert, ist in etwa so, wie wenn man zwei Überraschungseier mit vollem Tempo aufeinanderschleudert. Sie platzen auf und geben Einblick in ihr Innerstes. Ohne den gewaltigen und extrem aufwendigen Versuchsaufbau ist das so, als ob man versucht, durch Schütteln herauszufinden, was im Ei versteckt ist. Bei den Experimenten im Alltag, mit denen wir uns ja hier in diesem Buch befassen, gibt es auch einen solchen Superlativ: den wahrscheinlich ältesten Freihandversuch der Welt.

Eine Kerze, die unter ein Glas gestellt wird, so etwas war nämlich schon im antiken Griechenland Ausgangspunkt für ein rätselhaftes Phänomen. Der Naturforscher Philon von Byzanz hat bereits im 3. Jahrhundert v. Chr. eine ganze Reihe seiner Experimente und Konstruktionen dokumentiert. Unter anderem verfasste er ein neunbändiges Handbuch der Mechanik. In Buch fünf des Werks befasste er sich unter dem Titel »pneumatica« mit den Lehren der Luft, des Wassers und des Vakuums. Dort findet sich auch der Versuch mit der Kerze unter einer Vase. Philon von Byzanz passt daher sehr gut in die Riege von Wissenschaftlern, die in diesem Buch eine Bühne bekommen. Wie auch Faraday oder Guericke finden sich in seinen Werken viele Objekte, die überhaupt keine nützliche Funktion hatten, sondern nur durch ihren Aufbau Phänomene veranschaulichten. Wieso sollte man auch sonst eine Kerze in eine Wasserschale stellen, um sie dann mit einem Glas beziehungsweise einer Vase zum Erlöschen zu bringen? Bevor wir über die Deutungen des Experiments von damals diskutieren, machen wir uns erst einmal selbst ans Werk.

DER ÄLTESTE FREIHAND-VERSUCH DER WELT?

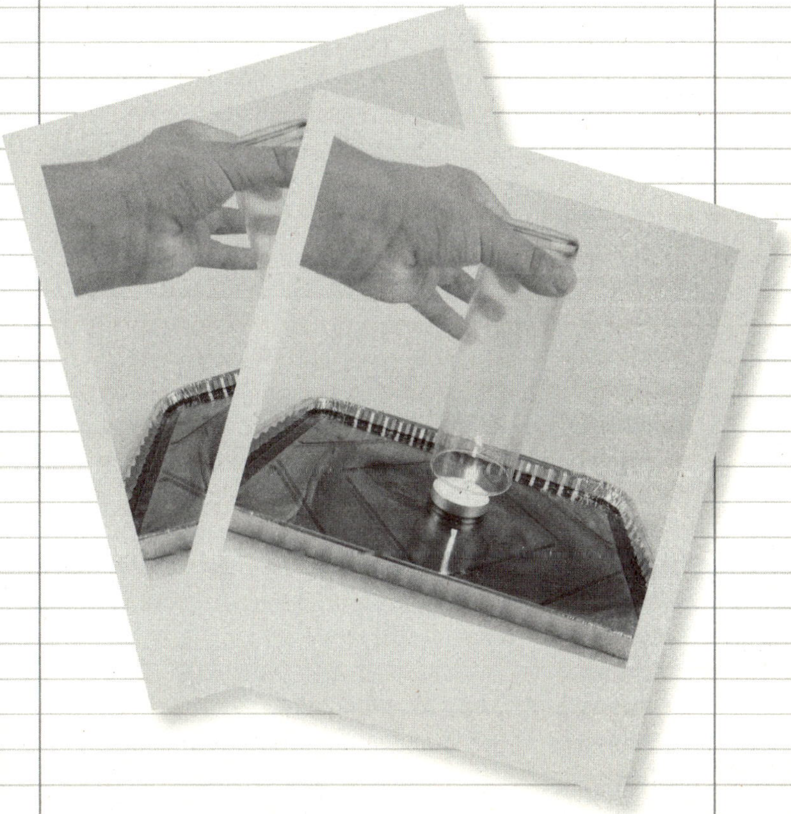

WIR BENÖTIGEN DAZU:

ein Teelicht,
eine Aluschale,
ein längliches Glas
(z. B. ein Kölschglas),
Lebensmittelfarbe,
Wasser,
Streichhölzer.

DURCHFÜHRUNG:

- Wir geben Wasser in die Aluschale, sodass die Schale etwa mit zwei Zentimetern Wasser bedeckt ist, und färben es mit etwas Lebensmittelfarbe ein.
- Wir stellen das Teelicht in die Mitte der Schale und zünden es an.
- Wir stülpen das Glas über die Kerze.

BEOBACHTUNGSAUFTRÄGE:

a) Warum wird der Wasserspiegel im Glas angehoben?
b) Was passiert, wenn wir eine größere Kerze verwenden?

c) Was passiert, wenn wir die Glasgröße verändern und z. B. ein Hefeweizenglas nehmen?
d) Was passiert, wenn wir das Glas etwas länger über die Kerzenflamme halten, bevor wir es ganz über die Kerze stülpen?

Die Flamme des Teelichts erlischt, und das Wasser im Glas steigt auf. In einer chemischen Reaktion zwischen Sauerstoff und dem Kohlenstoff und Wasserstoff aus den Wachsmolekülen entstehen neue Verbindungen, Wassermoleküle und Kohlenstoffdioxid (wie wir noch aus dem ersten Kapitel wissen, als wir uns die Kerzenflammen genau angesehen haben). Wird das Teelicht immer weiter mit Sauerstoff versorgt, läuft die Reaktion stetig weiter, bis der Brennstoff ausgeht. Hier im Glas geht nun das Oxidationsmittel, also der Sauerstoff, irgendwann zur Neige, und die Reaktion in der Kerzenflamme stoppt. So weit nichts Neues. Allerdings kommt nun hinzu, dass wir einen Wasserstand im Glas haben, der beim Ausgehen der Kerzenflamme ansteigt. Philon von Byzanz schlussfolgerte, dass der steigende Wasserstand auf den verbrauchten Sauerstoff hinweist, und das ist eine Deutung, die sich selbst heute noch Schulbücher oder TV-Sendungen zu eigen machen, um den Sauerstoffgehalt in der Luft zu erklären. Leider ist das alles falsch.

Den endgültigen Gegenbeweis verdanken wir einem Forscherteam um Francisco Vera, Rodrigo Rivera und César Núñez. Sie fassten 2011 in einer Abhandlung zusammen, wer sich bis dahin schon mit dem Versuch befasste. Eine lange und prominente Liste entstand: Nach Philon von Byzanz waren es Heron von Alexandria, Galileo Galilei, Joseph Priestley oder Antoine Laurent de Lavoisier, um nur ein paar zu nennen, und schon Galileo ahnte, dass Philons Ansatz nicht ganz wasserdicht war. Er nahm ein Kugelglas mit langem Strohhalm an einem Ende und hielt den Strohhalm ins Wasser. Mit seinen Händen erwärmte er die Luft in der Kugel, um dann einen Anstieg des Wassers im Strohhalm zu beobachten, als er die Hände von der Kugel nahm. Es zeigte sich, dass die Chemie, also Philons Vermutung, dass der verbrauchte Sauerstoff die Ursache war, hier keine Rolle spielen kann. Des Rätsels Lösung lag vielmehr in T wie Temperatur.

Mit einem Haartrockner, Föhn oder auch mit einem Föhn können wir die Luft im Glas von außen wieder vorsichtig erwärmen. Vorweg sollten wir noch schnell mit einem Filzstift eine Markierung am Glas machen, um festzuhalten, bis wohin das Wasser gestiegen war. Mit Geduld und heißer Luft ist nun deutlich zu erkennen, wie der Wasserpegel im Glas wieder abnimmt. Wir wissen außerdem inzwischen, dass bei der chemischen Reaktion in der Kerzenflamme zwar Sauerstoff aus der Luft entnommen wird, aber dabei die Gase Kohlenstoffdioxid und Wasser entstehen, die ebenso Raum einnehmen wie der Sauerstoff zuvor. Sicher wird auch etwas Wasser kondensieren und ein wenig Kohlenstoffdioxid sich als Gas im Wasser lösen, aber all das spielt weniger eine Rolle als die thermische Ausdehnung der Luft im Glas, wie Rivera & Co. nachweisen konnten. In ihrem Versuchsaufbau verwendeten die Forscher übrigens Quecksilber statt Wasser und einen konstant strahlenden Glühwendel. Mit der Hitze eines Toasters lassen sich, ohne je eine Kerze zu verwenden, auch schon ganz gute Ergebnisse erzielen – das Quecksilber sollten wir aber den absoluten Profis überlassen. Wenden wir uns lieber zwei weiteren Variationen des Versuchs zu, um noch einmal in den Genuss praktischer Anschauung zu kommen.

DAS EI IN DER FLASCHE

WIR BENÖTIGEN DAZU:

ein hart gekochtes Ei,
eine leere Milchflasche,
zwei Geburtstagskerzen,
ein Kölschglas,
fünf Papiertaschentücher,
zwei Untertassen,
ein Teelicht,
Streichhölzer.

DURCHFÜHRUNG:

1. Wir pellen das gekochte Ei und stecken vorsichtig eine bis zwei Geburtstagskerzen in sein oberes Ende.
2. Wir halten eine leere Milchflasche bereit und zünden die beiden Kerzen an.
3. Wir stülpen die Milchflasche über die Kerzen, sodass das Ei am Rand der Milchflaschenöffnung aufliegt, und beobachten das Ei und die Kerzen, bis sie erlöschen.
4. Wir feuchten die Papiertaschentücher an und legen sie glatt übereinander ausgebreitet auf eine Untertasse.

5. Wir stellen ein Teelicht auf die andere Untertasse und zünden es an. Wir erhitzen mit dem Teelicht eine halbe Minute lang die Luft im Kölschglas.
6. Wir stellen das Kölschglas umgedreht auf die mit feuchten Taschentüchern bedeckte Untertasse und drücken es mit seiner Öffnung fest auf die Tücher.

BEOBACHTUNGSAUFTRÄGE:

a) Was passiert mit dem Ei, wenn die Kerzen erlöschen?
b) Funktioniert der Versuch auch mit heißem Wasser statt mit den Kerzen?
c) Lässt sich das Kölschglas auf den Papiertaschentüchern anheben?

Kaum erlischt die Kerze, schon bewegt sich das Ei in die Flasche. Wir sehen hier die Proportionalität von Temperatur und Volumen eines Gases direkt vor Augen. Weil nun dabei aber auch ein wenig Luft aus der Flasche entweicht, bevor die Kerze erlischt (denn so ganz ohne Druckänderung wird die Volumenzunahme in der Flasche auch nicht vonstattengehen), wird das abkühlende Gas in der Flasche danach weniger Teilchen, also auch weniger Druck aufbringen und somit gegen den Luftdruck unterliegen, der auf das Ei drückt. Manchmal sogar so weit, dass es in die Flasche schlüpft.

Im Versuch mit der Kerze und dem Glas ist dieser Aspekt des Phänomens noch deutlicher zu sehen. Beim Auflegen des Glases sind manchmal sehr deutlich die Gasblasen der sich noch ausdehnenden Luft zu erkennen, die durch Lücken und das Wasser am Rand des Glases entweichen. Nach dem Erlöschen der Kerze kühlt die Luft wieder ab, und das Gesetz von Gay-Lussac findet Anwendung: Die Temperatur und das Volumen sind proportional zueinander, das heißt, sie steigen oder fallen gemeinsam. Im Versuch mit den Papiertaschentüchern erleben wir dann die Folgen dieses Gesetzes ein weiteres Mal. Gehen wir davon aus, dass die Teilchenmenge im Glas konstant geblieben ist und das Volumen des Glases sich nicht verändert, so ändert sich mit der abnehmenden Temperatur auch der Druck des Gases – das ist das Gesetz von Amontons. Im Widerstreit der Drücke, also Unterdruck im Glas und Luftdruck außen, gewinnt ein weiteres Mal der Luftdruck, wie bei unserer zerquetschen Coladose. Sichtbar wird dies durch den steigenden Wasserpegel im ersten Glas und durch die Kraft, die das per Taschentuch mit der Untertasse verbundene Glas aufbringen kann. Liegt das Glas fest abgeschlossen auf der Untertasse auf, lässt sich die Untertasse gleich mit dem Glas anheben. Danke, Luftdruck!

Kommen wir kurz zu einer Einordnung auf der Meta-Ebene: Den wohl ältesten Freihandversuch haben wir enträtselt und dazu nur eine Handvoll Wissenschaftler und 3000 Jahre Menschheitsgeschichte gebraucht, ohne uns dabei auf das Fernsehen zu verlassen, das in seiner Erklärung noch bei Philon von Byzanz stehen geblieben ist. Dieser Versuch macht uns zwei Dinge deutlich. Zum einen braucht wissenschaftliche Erkenntnis meist viele Forscher und Zeit, und selbst dann ist sie nicht unumstößlich. Wissenschaftler sind insofern nichts anderes als Geschichtenerzähler. Sie erzählen verdammt gute, sehr fundierte und nachvollziehbare Geschichten, ob sie bei aller Mühe und Sorgfalt immer richtig sind, stellt sich aber oft erst viel später heraus. Zum anderen zeigt uns die Kerze unter der Vase auch, dass beim Forschen Demut angebracht ist. Lehrer mögen von ihren Schülern verlangen, dass sie diesen einfachen Versuch in einer 45-minütigen Schulstunde eigenhändig durchexperimentieren und dann selbst auf die richtige Lösung kommen, die als Merksatz an die Tafel geschrieben wird. Wir sehen aber, dass das bei der ganzen Prominenz, die sich mit dem Phänomen befasst hat, ganz schön hoch gegriffen ist. Wenn wir anfangen, wissenschaftlich zu arbeiten, für Konstanten sorgen und Variablen des Experiments verändern, kommen wir des Rätsels Lösung aber leichter auf die Schliche. Variablen können ein größeres Glas oder andere Wärmequellen sein, wir können auch die Versuchsaufbauten abwandeln. Wer so denken kann, ist im Geiste bereits ein Wissenschaftler oder wenigstens das, was der Physikdidaktiker Martin Wagenschein einen »verstehenden Menschen« nennt, und nicht nur ein »wissender Mensch«. Ein Versuch also, der zu Recht in die Riege der bedeutendsten Versuche der Welt gehört.

So viel zur Meta-Ebene an dieser Stelle und nun zurück zum Alltag. Dort spielen die Temperatur T und das Gesetz von Gay-Lussac an vielen Stellen eine gewichtige Rolle. Zum Abschluss wollen wir uns deshalb noch einmal seine Folgen bewusst machen. Wenn das Volumen proportional zur Temperatur ist, dann bedeutet das, dass es bei geringeren Temperaturen auch geringere Volumina geben muss. Wenn wir einen Luftballon in den Kühlschrank legen, fällt uns zunächst nichts Besonderes auf. Der Ballon wird kälter und wird dabei auch schrumpfen. Wenn wir nun aber eine Ballonpumpe nehmen und ihre Öffnung mit einem Finger zuhalten, werden wir merken, dass, wenn wir das Volumen verkleinern, die Temperatur nicht sinkt, sondern zunimmt. Ein Widerspruch? Nein, keineswegs, denn das Gesetz von Gay-Lussac gilt nur bei konstantem Druck, und den haben wir eben deutlich in der Luftpumpe erhöht, was den Herrn Amontons auf den Plan bringt, der herausfand, dass die Temperatur auch proportional zum Druck in einem Gas ist. Komplexe Physik mit fünf Buchstaben, und dann spielt sie auch noch eine so große Rolle, sei es für die Luftfahrt oder den Preis einer Tiefkühlpizza!

Der Streifen, den Flugzeuge am Himmel hinterlassen, ist nämlich nicht etwa die Abgasspur. Das Triebwerk stößt heiße Luft aus, die in der kalten Umgebung sofort abkühlt und ein viel geringeres Volumen einnimmt. Auf Flughöhe sind die Temperaturen so niedrig, dass der Wasserdampf in den Abgasen rasch kondensiert, was wir dann als Kondensstreifen am Himmel sehen. Auf Erden werden die Gasgesetze gewissermaßen umgedreht, zum Beispiel im Supermarkt. Supermärkte handeln mit Blick auf die Gasgesetze nämlich oft genug sehr verschwenderisch und geben diese Verschwendung sicherlich in den Preisen der Artikel an den arglosen Endkunden weiter. Wenn wir also eine Pizza aus dem Supermarkt kaufen, sollten wir mal darauf achten, aus welcher Truhe wir die Pizza nehmen. Supermärkte besitzen zahlreiche Typen von Tiefkühltruhen. Doch welche Truhe davon ist am sparsamsten?

Die liegende Truhe am Boden oder die stehende Truhe an der Wand? Mit Deckeln oder ohne?

Deckel sind schon mal eine gute Idee, aber wesentlich ist der Stand der Truhe. Die am wenigsten sparsame Truhe ist offen und steht hochkant. Nach dem Gesetz von Gay-Lussac produziert sie dauerhaft Luft mit einer geringeren Temperatur als in ihrer Umgebung. Diese kältere Luft hat dann (bei gleichem Druck) natürlich auch ein geringeres Volumen und somit eine höhere Dichte an Teilchen im Vergleich zur warmen Umgebungsluft. Was nun folgt, kennen wir unter dem Stichwort »Auftrieb« aus dem Kapitel über das Wasser. Die warme Luft steigt in der kalten Luft zu den Lebensmitteln auf, und die kalte Luft sinkt ab. Wenn ein Kühlregal keine Tür hat, fällt also ständig kalte Luft aus ihm heraus. Im Sommer mit Badeschlappen im Supermarkt ist das deutlich zu spüren. Dagegen sind Truhen auf dem Boden mit aufschiebbaren Deckeln viel sparsamer, weil sie die dichtere Luft im Gefäß halten. Allerdings macht das die Präsentation eben etwas schwieriger, und deswegen zahlen wir für gut sichtbare Pizza oder andere Produkte im Kühl- und Tiefkühlregal auch immer einen Anteil für das Gesetz von Gay-Lussac.

Hummeln, Bernoulli und das Fliegen an sich

»Die Hummel kann eigentlich nicht fliegen. Aber sie weiß das nicht und fliegt einfach trotzdem!« Dieser Satz, der auf vielen T-Shirts und Motivationsplakaten vordringlich dazu dient, uns Menschen zu höheren Leistungen zu motivieren, geht auf ein Paradoxon zurück, das sich seit Langem in der Wissenschaft hält. Überhaupt ist die Hummel vielen Mythen ausgesetzt. Hummeln sind angeblich die am höchsten fliegenden Insekten der Welt. Und ja, das stimmt, wenigstens zum Teil. Auf dem Mount Everest, in etwa 5000 Metern Höhe, können Hummeln gefunden werden, sie sind aber nicht die einzigen Insekten dort oben, wie wir bereits erfahren haben. Mythos Nummer zwei besagt, dass Hummeln die einzigen Lebewesen seien, die auch rückwärts fliegen können! Auch das ist nicht die reine Wahrheit: Zum Beispiel können Libellen, Kolibris oder auch Fliegen ebenfalls rückwärts fliegen.

Kommen wir nun zum dritten und bekanntesten Mythos: Hummeln können nach den Gesetzen der Physik gar nicht fliegen. Stimmt so leider nicht! Die Widerlegung der Flugeigenschaften einer Hummel wird auf Studien aus den Dreißigerjahren zurückgeführt und bezieht sich meist auf ein Phänomen, das beim Fliegen im Flugzeug eine wichtige Rolle spielt: den Bernoulli-Effekt. Die Hummel ist aber nun mal kein Flugzeug und fliegt auch nicht wie eins. In der aktuellen Forschung wird angenommen, dass die Hummel durch viele kleine dynamische Luftschläge Luftwirbel erzeugt, die ihr genug Auftrieb in der Luft geben, um zu fliegen.

Es scheint also mehrere Wege zu geben, sich in der Luft zu halten. Ein wenig ist das wie im Wasser. Dort haben wir ja einen statischen Auftrieb, der sich aufgrund eines Dichteunterschieds als Kraft nach oben bemerkbar macht. Wem das nichts mehr sagt, der möge im Wasser-Kapitel noch einmal nachblättern. Solch einen Auftrieb finden wir auch in Gasen. Weiter oben half uns das Wissen um den Auftrieb zum Beispiel, Supermärkten vorzuwerfen, die kalte, absinkende Luft zu verschwenden. Aufsteigende Luft ist also wärmer und/oder leichter als kalte Luft, soweit alle anderen Parameter sich nicht verändern. Deshalb ist es in einer Sauna auf der obersten Bank heißer als auf allen Bänken weiter unten. Und in einem Bassin mit Kohlenstoffdioxid schweben Seifenblasen, weil sie leichter als das sie umgebende Gas sind. Sie enthalten zwar auch Kohlenstoffdioxid aus der Atemluft, aber eben auch Luft, die nicht so schwer ist. Im gleichen Volumen ist also weniger Masse enthalten. Die Masse pro Volumen ist einmal mehr die Dichte und spielt auch beim Auftrieb in der Luft die wesentliche Rolle.

In der Luftfahrt nutzt man entweder Gase mit einem größeren Volumen als Luft, also entweder Heißluft, oder gleich ganz andere Gase, die leichter als Luft sind, wie zum Beispiel Wasserstoff oder Helium. Die Hummel hat nun aber, genau wie alle anderen Insekten, Vögel oder Fledermäuse, keine Chancen, Teile ihres Körpers mit Heißluft oder Wasserstoff zu befüllen, sodass sie sich wie ein Schwimmer im Meer mit seinen Schwimmschlägen eines zusätzlichen Auftriebs bedienen müssen. Sie muss mit Tricks und Kniffen Auftrieb generieren, und das geht augenscheinlich ganz gut bei den Hummeln. Bei der pummeligen Bienenart funktioniert Auftrieb aber eben nicht über den in der Luft sonst weit verbreiteten Bernoulli-Effekt, sondern über eine komplexe Flügelbewegung, die Wirbel in der Luft erzeugt, in denen ein geringerer Druck herrscht als in der Umgebung. Mit dieser Luft lässt sich die Hummel aufsteigen, und damit fliegt sie wunderbar – aber eben nicht nach dem Prinzip, nach dem Flugzeuge fliegen.

TISCHTENNIS MIT EINEM FÖHN

WIR BENÖTIGEN DAZU:

einen dicken Strohhalm,
eine Schere,
zwei Tischtennisbälle (einer davon
wird geopfert),
einen Haartrockner,
ein Teelicht,
eine Untertasse,
Streichhölzer,
einen Nagel,
eine Wäscheklammer,
eine Rolle Nylonband.

DURCHFÜHRUNG:

1. Wir nehmen den Strohhalm und stechen mit der Schere ein kleines Loch in den Rand am einen Ende.
2. Wir pusten in den Strohhalm und halten dabei das Strohhalmende mit einem Finger zu.
3. Wir legen einen Tischtennisball auf den Luftstrom, der aus dem kleinen Loch kommt, und versuchen, den Ball im Luftstrom rotieren zu lassen.

4. Wir nehmen einen Haartrockner und stellen einen kalten Luftstrom ein.
5. Wir legen den Tischtennisball in den Luftstrom und versuchen ihn im Luftstrom zu halten.
6. Wir stellen ein Teelicht auf eine Untertasse und zünden das Teelicht an. Wir halten einen Nagel mit der Wäscheklammer in die Flamme.
7. Wir befestigen ein dünnes Nylonband am zweiten Tischtennisball, indem wir mit dem heißen Nagel ein Loch in den Ball brennen und es mit einem Streichholzstück im Ball befestigen.
8. Wir halten den Ball unter einen Wasserhahn und versuchen den Ball im Wasserstrom zu halten.

BEOBACHTUNGSAUFTRÄGE:

a) Warum schwebt der Tischtennisball über dem Strohhalm?
b) Wie hält sich der Tischtennisball im Luftstrom des Haartrockners? Was passiert mit dem Ball, wenn der Luftstrom zur Seite gedreht oder der Luftstrom geringer eingestellt wird?
c) Wie stark muss der Wasserhahn aufgedreht werden, um den Tischtennisball im Wasserstrom zu halten?

Er schwebt im Luftstrom und auch im Wasserstrom! Der Tischtennisball verbleibt dabei sogar recht genau an einer bestimmten Stelle, von der er auch gar nicht so einfach wegzubewegen ist, wenn wir ihn aus dem Wasserstrahl ziehen wollen. Was hält ihn da fest?

Jeder, der schon mal versucht hat, hinter einer Litfaßsäule vor dem Wind Schutz zu suchen, weiß, dass das keinen Sinn hat. Die runde Säule wird einfach vom Wind umströmt. Beim kugelrunden Tischtennisball ist das nicht anders. Die Luft trifft auf den Ball und wird seitlich abgelenkt. Sie umströmt den Ball und hält ihn an seinem Platz. Erst wenn der Luftstrom nachlässt, fällt der Ball hinunter. Es steckt aber noch mehr dahinter.

Der Schweizer Physiker Daniel Bernoulli befasste sich im 18. Jahrhundert mit strömender Luft. Eigentlich befasste er sich vor allem mit seinem Vater, zu dem er kein besonders gutes Verhältnis hatte. Als beide bei einem Wettbewerb der Akademie der Wissenschaften in Paris teilnahmen und den ersten Platz erzielten, verstieß er seinen Sohn einfach, weil er keine Lust hatte, sich den Platz mit jemand anderem zu teilen. Auch sein Hauptwerk, das 1738 veröffentlichte *Hydrodynamica*, wurde von seinem Vater nicht anerkannt. Er brachte es unter dem Titel *Hydraulica* selbst noch einmal heraus, übernahm alle Inhalte und datierte es sieben Jahre vor. Ein unangenehmer Typ, dieser alte Bernoulli. Sein Sohn Daniel aber machte mit seiner Bernoulli-Gleichung eine große Entdeckung für die Luftfahrt.

Die Bernoulli-Gleichung besagt bei der stationären Strömung viskositätsfreier, inkompressibler Fluide, dass die spezifische Energie der Fluidelemente entlang einer Stromlinie konstant ist. Logisch, oder? Viel einfacher können wir aber sagen, dass bei bewegter Luft der Luftdruck abnimmt. Und je schneller die Luft sich bewegt, desto geringer wird ihr Druck. Wenn wir ein Stück Papier zu einem halbrunden Bogen biegen, es auf den Tisch legen und darunter hindurchpusten, erleben wir den Bernoulli-Effekt bereits. Das Papier wird auf den Tisch gedrückt.

Auch wenn wir zwei Bleistifte als Führungsschiene auf den Tisch kleben und zwei Tischtennisbälle in Abstand zueinander auf die Schiene legen, können wir den Bernoulli-Effekt erleben, wenn wir zwischen ihnen hindurchpusten. Die Bälle nähern sich einander an, genauer: sie werden aufeinander zubewegt, weil die bewegte Luft zwischen ihnen einen geringeren Druck aufweist und der Luftdruck sie von den Seiten auf den Bereich des geringeren Drucks hin bewegt. Man spricht hierbei vom hydrodynamischen Paradoxon, und das funktioniert wie folgt: Eine schnelle Strömung erzeugt einen niedrigeren Druck. Unser Ball wird bei alledem von unserer Lunge, dem Föhn oder einem Laubpuster in die Luft bewegt. Der Laubpuster hält sogar einen Wasserball im Luftstrom. Sobald sich der Ball nach links oder rechts bewegt, wird er wieder in den Luftstrom zurück befördert. Die strömende Luft kann immer dort, wo der Ball gerade nicht ist, aber noch ein wenig schneller strömen, sie muss ja keinen Umweg um den Ball machen. Der Druck ist also dort immer ein wenig geringer, wo der Ball gerade nicht ist. Deshalb bewegt sich der Ball wieder dorthin beziehungsweise wird durch den Luftdruck dorthin bewegt. Wer genau hinschaut, kann dieses Wechselspiel durch leichtes Antippen im Luftstrom beobachten.

Und was hat das alles mit dem Fliegen zu tun? Sehr viel, weil Tragflächen an Flugzeugen so ähnlich funktionieren. Sie sind auf ihrer Ober- und Unterseite unterschiedlich gewölbt. Wenn das Flugzeug sich in Bewegung setzt, strömt Luft an ihnen vorbei und wird umgelenkt. Sicher spielen noch weitere Wirbel eine Rolle beim Auftrieb am Flügel, aber eine einfache Sicht der Dinge geht davon aus, dass die Luft auf den beiden Seiten des Flügels unterschiedlich lange Zeiten zurücklegen muss. Der Luftstrom hat auf der Unterseite einen deutlich kürzeren Weg als oben. Die Luft auf der Oberseite des Flügels muss also schneller strömen als auf der Unterseite, und demnach ist der Druck dort geringer. Ab einer bestimmten Geschwindigkeit, bei Verkehrsflugzeugen meist zwischen 250 und 345 Stundenkilometern ist der Auftrieb groß genug, um die Gewichtskraft des Flugzeugs zu tragen und dabei noch nach oben zu steigen. Für einen Hängegleiter reichen bereits 20 oder 25 Stundenkilometer aus. Moderne Tragflügel können den Auftrieb durch das Einstellen des Flügelwinkels genau koordinieren. So kommt das Flugzeug nicht nur in die Luft, sondern auch wieder auf den Boden herunter. Der Baumarkt-Physiker in uns weiß nun, dass durch ein kleineres p eine größere Kraft F nach oben entsteht. Höchste Zeit, das Wissen anzuwenden und in die Luft zu gehen!

Raketen, Raketen und Raketen

Was haben wir bislang zusammengetragen? Mit Luft lässt Musik machen, sie nimmt einen Raum ein, hat eine Masse und generiert einen Auftrieb, vor allem in Bewegung. Sie transportiert Wärme und wird von vier Dingen wesentlich beeinflusst: der Stoffmenge N, dem Druck p, dem Volumen V und der Temperatur T.

Berühmte Wissenschaftler stellten Zusammenhänge zwischen den Buchstaben her. Gay-Lussac befand $V_1 \div T_1 = V_2 \div T_2$, soweit $N = const.$ und $p = const.$ (const. steht für konstant, also unverändert). Die Herren Boyle und Mariotte fanden, dass $p_1 \cdot V_1 = p_2 \cdot V_2$ wäre, soweit auch hier $N = const.$ und $T = const.$ Das Gesetz von Amontons beschreibt, dass $p_1 \div T_1 = p_2 \div T_2$, wenn V und N konstant bleiben. Avogadros Gesetz bezieht sich dann noch auf den Zusammenhang von V und N. Alles in allem haben wir in diesem Kapitel nicht viel mehr besprochen und Phänomene wie in der idealen Gasgleichung $p \cdot V = N \cdot R \cdot T$ in ihren Sonderfällen betrachtet.

Das R in der Gleichung haben wir übrigens nicht vergessen. Es ist die universelle Gaskonstante, eine Konstante, mit deren Wert die einzelnen Teile der Gleichung sinnvoll umgerechnet und verknüpft werden. Sie geht auf die Boltzmannkonstante zurück, die mit der Avogadrokonstante multipliziert ihren Wert ergibt. Von Ludwig Boltzmann haben wir noch nichts gehört. Auch er machte sich verdient um die Thermodynamik, hatte aber dabei ein unglückliches Ende. Der Forscher Max Planck führte die nach ihm benannte Boltzmann-Konstante ein, um seine Leistungen in der Thermodynamik zu honorieren von denen man sagt, dass sie ihn letztlich ins Grab gebracht hätten. Am 5. September 1906 fand man den schon seit Langem unter Depressionen und Neurasthenie leidenden Physiker erhängt in seinem Hotelzimmer.

Nun aber zu positiveren Themen. Nach all unseren vorangegangenen Erkenntnissen über das Thema Luft geht es jetzt praktisch noch einmal richtig zur Sache.

Natürlich gehen nicht wir selbst in die Luft und auch nicht der Hamster vom kleinen Kevin! Wir schicken einfache Raketen und Flieger in den Himmel und lassen sie sanft zu Boden gleiten. Dennoch ein paar wichtige Sicherheitshinweise vorab. Die Kräfte, mit der wir unsere Raketen nach oben beschleunigen, müssen erst einmal durch Druckänderung eines Fluids entstehen, und das ist nicht ungefährlich! Alle Anleitungen nutzen dieses Prinzip nur mit kleinsten Mengen, risikoarmen Verfahren und Materialien, geringer Kraftwandlung und Wirkung. Bei größerer Wirkung können Raketen und Kanonen rechtlich als Waffen eingestuft werden, und hohe Drücke können zu unvorhergesehenen Unfällen oder Verletzungen führen. Wer die Raketen nachbauen oder vielleicht sogar anpassen möchte, sollte daher in jedem Fall für angemessene Sicherheitsmaßnahmen sorgen. Ausreichender Abstand zu Gefahrenquellen, geringe Mengen Treibstoff und die ausschließliche Arbeit im Freien sind die Grundvoraussetzung für diese einfachen Himmelsflieger. Alle weiteren Experimente und Basteleien sind etwas für die Modellbauprofis. Bei denen kann man sich auch weiter über rechtliche Vorgaben, Risiken und Alternativen informieren.

Ready for Take-off? Okay, dann starten wir jetzt mit der TOP-5 der kleinen Raketenaufbauten, die allesamt dank Temperaturerhöhung, Druckausgleich und Auftrieb in die Luft gehen!

RAKETENAUFBAUTEN

DIE COLA-MENTOS-RAKETENRAMPE

Aus den USA stammt der Mythos, dass es zu spontanen Explosionen im Magen kommen kann, wenn man poprocks (auf Deutsch Knallzucker) und Cola zusammen zu sich nimmt. So ganz gelogen ist das nicht, wie wir seit dem Cola-Mentos-Internethype wissen. Explodieren ist natürlich übertrieben, aber eine Reaktion findet in jedem Fall statt, keine chemische, aber eine physikalische. Bei Cola und Mentos ist es die raue Oberfläche der Dragees, die in der Cola schlagartig Kohlenstoffdioxid austreten lässt. Eine schöne Fontäne zeigt sich, wenn wir die Kaubonbons in die Cola geben. Wir können das nutzen, um die Flasche in die Luft zu bewegen.

WIR BENÖTIGEN DAZU:

eine Flasche Cola (1,5 l),
eine Packung Mentos Kaubonbons,
ein Plastikrohr mit einem größeren Durchmesser als die Colaflasche,
ein Röhrchen (zum Beispiel eine Brausetablettenpackung),
ein Lineal.

Wir geben fünf, sechs Kaubonbons schnell in eine Colaflasche. Mithilfe eines Röhrchens und eines Lineals, auf das wir das Röhrchen stellen, geht das recht gut: Einfach das Röhrchen mit den Mentos füllen, Lineal auf die Öffnung legen und das Ganze umgedreht auf die Flaschenöffnung stellen. Dann das Lineal unter dem Röhrchen wegziehen, einen Schritt zurücktreten und die Fontäne genießen!

Für den Flug in den Himmel gehen wir einen Schritt weiter. Wir verschließen die mit fünf, sechs Mentos versehene Flasche schnell mit dem Deckel und schütteln noch ein wenig. Die Flasche wird nun umgedreht in eine hochgestellte Röhre gestoßen. Achtung, dabei nicht in die Röhre schauen! Auf dem Boden platzt bestenfalls der Deckel der Flasche ab, und die Flasche fliegt gleich wieder aus der Röhre zurück.

DIE PLOPPENDE CHIPSDOSE

Einmal geploppt, nie mehr … Wer kennt diese Werbung einer großen Chipsmarke noch? Wirklich einfach machen wir den Jingle jetzt wahr.

WIR BENÖTIGEN DAZU:

eine Chipsdose mit Plastikdeckel,
zwei Knöpfe oder Büroklammern,
eine Schere,
3–5 Tropfen Feuerzeugbenzin,
Streichhölzer.

Zunächst einmal muss die Dose Chips geleert werden. Mit der Schere schneiden wir dann ein Loch unten in die Dosenflanke. Dann geben wir ein paar Tropfen Feuerzeugbenzin in die Dose, fügen die zwei Knöpfe oder Büroklammern hinzu und schließen den Plastikdeckel. Mit dem Daumen halten wir das Loch an der

Seite zu und schütteln kräftig. Benzin und Luft können sich mithilfe der Knöpfe oder Klammern im Inneren optimal vermischen. Mit einem Streichholz zünden wir am seitlichen Loch, natürlich ohne die Dose dabei auf uns oder auf andere zu richten – PLOPP! Wenn die Mischung übrigens zu viel Benzin enthält, kann eine Flamme aus dem Loch schlagen, oder es passiert gar nichts. »Viel hilft viel« gilt hier nicht, entscheidend ist vielmehr die richtige Mischung.

DIE BRAUSEPULVER-RAKETE

Ein Klassiker aus Spielzeugläden und Kinderzeitschriften: Raketen und U-Boote mit einem geheimen Antrieb. Das Treibstoffpulver aus Kindertagen ist nichts anderes als Brausepulver, eine Mischung aus Natron und Zitronensäure, die uns schon in anderen Versuchen begegnet ist. Mit Wasser versetzt, entsteht daraus das Gas Kohlenstoffdioxid, ein hervorragendes Backtriebmittel und ebenso Triebmittel für unsere Himmelfahrten. Nun brauchen wir nur ein passendes Gefäß, in dem das Gas Druck aufbauen kann. Ideal, aber inzwischen schwer zu bekommen, sind Filmdosen, alternativ funktioniert auch die Brausetablettenröhre selbst.

WIR BENÖTIGEN DAZU:

eine Fotofilmdose,
eine Brausetablette,
ein Glas Wasser.

Eine halbe oder ganze Brausetablette in die Filmdose hinein, Wasser dazu, schnell den Deckel drauf, die Dose umdrehen, abwarten, und dann? PLOPP! Nach dem ersten Versuch können wir weitere Raketen kunstvoll gestalten. Und mit größeren Mengen Natron, Essig und einer Plastikflasche können wir versuchen, höhere Schichten in der Atmosphäre zu erreichen.

DIE PET-WASSERDRUCK-RAKETE

Mehrfach wurde schon von dem Physiker Robert Boyle, der linken Hälfte des Boyle-Mariotteschen Gesetzes gesprochen. Er stellte unter anderem fest, dass sich das Volumen umgekehrt proportional zum Druck verhält. Verkleinern wir das Volumen, nimmt der Druck in unserer PET-Wasserdruckrakete zu. Wir nutzen den Druckunterschied dann für einen Auftrieb.

WIR BENÖTIGEN DAZU:

eine PET-Flasche (1,5 l) mit Deckel,
ein Gartenschlauch-Hahnstück,
eine Gartenschlauchkupplung,
ein Stück Gartenschlauch (0,5 m),
eine Luftpumpe mit Ventil,
eine Tube Plastikklebstoff,
eine Bohrmaschine,
Wasser.

Wir durchbohren den Deckel der PET-Flasche und kleben ihn in das Hahnstück. (Achtung Kinder: Nicht einfach Papas Gartenschlauch ungefragt zerstören! Das Hahnstück ist danach nicht mehr brauchbar.) Wir können das verklebte Hahnstück nun auf die Flasche drehen. Die Schlauchkupplung kleben wir fest an den Gartenschlauch und den Schlauch fest an das Ventil. Nun brauchen wir die Flasche nur noch mit Wasser zu befüllen und loszupumpen. Mit jedem Pumpstoß erhöhen wir die Luftmenge in der Flasche und somit den Druck. Das geht so lange gut, bis die Schlauchkupplung aufgibt und die Flasche freigibt. Es empfiehlt sich, zunächst mit viel Wasser und weniger Druck zu testen. Die Schlauchkupplung also manuell ziehen.

KARTOFFEL-LAUNCHER

Wir müssen genau hinhören: der Anglizismus »Launcher« bezeichnet keinen Feinschmecker wie den »Kartoffelluncher« oder Mörder wie den »Kartoffellyncher«, sondern eine einfache Startapparatur für Kartoffelstücke, die wir mit Druckluft in die Luft schießen. Wir bauen aber keine Kartoffelkanone, umgangssprachlich auch Gümbel genannt. Richtige Gümbel fallen unter das Waffengesetz, weshalb hier nur die harmlose »Light«-Version vorgestellt wird. Das ist wie bei fettreduzierten Chips. Klingt erst mal weniger interessant, ist dann aber doch lecker.

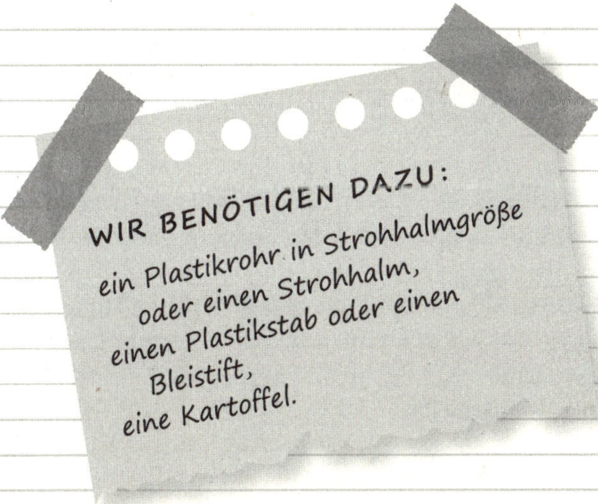

Ein Plastikrohr und passender Plastikstab sind gerade nicht zur Hand? Dann können wir auch einen Strohhalm mit dazu passendem Bleistift verwenden! Der Strohhalm oder Plastikstab sollte gerade so groß sein, dass der Bleistift in ihn gesteckt werden kann. Ist der Strohhalm zu klein oder zu groß, wird der Versuch nicht klappen.

Zuerst durchschlagen wir die Kartoffel mit dem Strohhalm und einem kleinen Trick. Der Trick besteht darin, beim Schlag auf die Kartoffel den Daumen auf den Strohhalm zu halten. Dadurch wird die Luft im Strohhalm verdichtet und hält den Halm stabil. Das Kartoffelstück im Halm können wir nun auf ähnliche Weise wieder hinausbefördern. Wir schieben den passgenauen Bleistift ruckartig von der anderen Seite in den Strohhalm. Wenn Halm und Stift passend abschließen, wird die Luft im Halm verdichtet, bis die Kartoffel im Halm nachgibt und in hohem Bogen aus dem Strohhalm fliegt. Ob das auch mit Pommes funktioniert? Ausprobieren!

So viele Worte haben wir in diesem Kapitel über die Luft verloren, so viele Menschen und Gesetze kennengelernt, die sich mit ihr befasst haben, manche sind in die Luft gegangen, andere vom Himmel gefallen, und bei alledem behandeln wir sie, die Luft im Alltag meistens, als ob sie nur Luft wäre. Jetzt konnten wir mithilfe vieler verschiedener Experimente beweisen: Sie ist viel mehr als das!

The end is the beginning is the end

Stellen wir uns mal vor, wir säßen in einem Kinosessel und starrten gebannt zur Leinwand, und das schon ein ganzes Leben lang. Aus dem Hintergrund fällt der Schein der Projektorlampe auf die Leinwand, hinter der Leinwand sehen wir menschliche Umrisse und Gegenstände. Wir denken nicht daran, aus dem Kinosessel aufzustehen und hinter die Leinwand zu blicken, denn die Schatten sind für uns bereits das wahre Leben, ein anderes kennen wir nicht.

Was etwas bizarr klingt, ist eine Idee, die schon im antiken Griechenland heiß diskutiert wurde: das Höhlengleichnis des Philosophen Platon. Damals gab es noch kein Kino, deswegen spielt Platons Gleichnis auch in einer Höhle, in der Menschen im gefesselten Zustand auf die Schatten an der Wand blicken. Dieser arme Höhlenbewohner war noch nie draußen und kennt die Welt also nur als Schatten.

Platon wollte mit seinem Höhlengleichnis zum Ausdruck bringen, wie begrenzt wir die Welt wahrnehmen. Seine Höhle ist unsere Welt. Sich aus den Fesseln zu befreien und zum Feuer aufzusteigen oder sogar die ganze Höhle zu verlassen ist ein großes Ziel, wenn man angekettet ist. Platon beschreibt allerdings nicht, wie der Aufstieg aus der Höhle von statten gehen soll.

Für mich als Lehrer und Science-Nerd ist Wissen eines der wichtigsten Werkzeuge beim Zerschneiden unserer Fesseln. So haben wir hier im Buch einige Rätsel der Naturwissenschaften lüften können. Nicht nur Platon würde sich sicher darüber freuen, auch sein Lehrmeister Sokrates würde uns ein aufmunterndes »Ich weiß, dass ich nichts weiß« entgegenschmettern und sich die Schutzbrille zurechtrücken. Sokrates' Bescheidenheit und Demut vor dem Wissen soll uns jetzt aber nicht die Stimmung vermiesen. Mein Doktorvater sprach manchmal spöttisch davon, dass er die meisten Wissenschaftler für Märchenerzähler hält. Das sind sie tatsächlich! Wissenschaftler erzählen Geschichten, verdammt gute Geschichten. So gute Geschichten, dass sie bis ins feinste Detail aufgeschrieben werden und miteinander ausgetauscht werden, bis einem neuen Wissenschaftler dann eine noch bessere Geschichte einfällt. Dabei nutzen sie, was ihnen in der Höhle unseres Universums zur Verfügung steht, um aus einer Behauptung einen Nachweis abzuleiten. Sie schauen genau hin, kontrollieren, manipulieren und messen, kurzum sie haben keine Angst vor dem, was die Schatten auf ihrer Höhlenwand erzeugt.

Wir lernten in diesem Buch einige Wissenschaftler kennen, die dazu nicht einmal große Labore, Maschinen und Forschungsteams zur Verfügung hatten, sondern mit den einfachsten Dingen des Alltags zu Erkenntnissen kamen und dabei auch noch ein großes Publikum fanden. Ob Faraday mit seinen Feuerexperimenten, Archimedes in der Badewanne oder Otto von Guericke mit seinen Halbkugeln.

Besonders bei den Naturwissenschaften läuft das

Hinterfragen und Ausprobieren in der Schule oder im Alltag nicht immer so spaßig und unerschrocken ab. Von klein auf stellen wir Fragen, die uns im Unterricht oftmals mehr und mehr abgewöhnt werden, bis wir irgendwann nicht mehr folgen können und ganz verstummen. Es ist eben nicht nur schwer, das Richtige zu fragen, sondern auch, es zu erklären.

»Verstehen des Verstehbaren ist ein Menschenrecht!«, fasste der Physiklehrer und Professor Martin Wagenschein dieses Dilemma klug zusammen – oder wie hat es mein Fahrlehrer damals bei der Übergabe des Führerscheins zum Ausdruck gebracht:

»Sie haben hiermit die Berechtigung, alleine weiterzuüben!«

Wer die Experimente in diesem Buch durchgearbeitet hat, wird sich wie Sokrates gefühlt und beim Lösen der eigenen Fesseln viele neue Fragen entwickelt haben. Wer die Ausführungen gelesen hat, wird viel Neues erfahren haben und das ein oder andere genauer erklärt haben wollen. Der Baumarkt ist dabei noch nicht halb entdeckt, der Supermarkt, das Schwimmbad, die Kneipe, der Strand oder die Küche und das Bad ebenso wenig. A propos Bad: Hier sind aktuell Wissenschaftler sehr damit beschäftigt, das Fließverhalten in der Badewanne zu untersuchen, um damit Rückschlüsse über die Strömungsverhältnisse in der Nähe von schwarzen Löchern zu erhalten.

Es ist also noch viel Platz für neue Geschichten, und am Ende muss ja nicht gleich ein Nobelpreis stehen, sondern vielleicht nur ein Periskop, mit dem der Garten des Nachbars ausgespäht wird. Oder ein Solarballon, der in den Sommerhimmel steigt, oder ein Solarkocher, der eine Pizza in der Sonnenhitze backt. All das sind schon wieder neue, faszinierende Themen für die Baumarktphysiker, Supermarktchemiker und Alltagswissenschaftler unter uns.

Viel Spaß beim eigenen Entdecken und Verstehen dieser aufregenden Welt, beim Offenlegen von hohlen Wissenshülsen und dem Aufstehen aus dem Kinositz.

Euer Baumarktphysiker
Dr. Sven Sommer

The end is the beginning is the end